你若盛开，清风自来

启航 著

華文出版社
SINO-CULTURE PRESS

图书在版编目（CIP）数据

你若盛开，清风自来 / 启航著. -- 北京 : 华文出版社, 2019.7（2024.5重印）

ISBN 978-7-5075-5119-8

Ⅰ.①你… Ⅱ.①启… Ⅲ.①性格—通俗读物②气质—通俗读物 Ⅳ.①B848-49

中国版本图书馆CIP数据核字（2019）第093128号

你若盛开，清风自来

NI RUO SHENGKAI,QINGFENG ZI LAI

著　　者： 启　航

出版策划： 兴盛乐

责任编辑： 周海璐

出版发行： 华文出版社

社　　址： 北京市西城区广安门外大街305号8区2号楼

邮政编码： 100055

网　　址： http://www.hwcbs.cn

电　　话： 总 编 室 010-58336239　　发 行 部 010-58336267　58336238

责任编辑 010-58336256

经　　销： 新华书店

印　　刷： 三河市天润建兴印务有限公司

开　　本： 710 × 960　1/16

印　　张： 15.5

字　　数： 180千字

版　　次： 2019年7月第1版

印　　次： 2024年5月第2次印刷

书　　号： ISBN 978-7-5075-5119-8

定　　价： 49.80元

前言

preface

如果问是什么力量造就了芸芸众生不同的命运，很多人一定会说——是性格！

如果问是什么品质让我们的人生潜移默化地发生改变，相信很多人会说——是气质！

的确，再没有什么比性格和气质更能长久而深刻地影响我们的命运轨迹与人生格局。

性格决定命运

性格是一个人对现实的稳定态度和在习惯化了的行为方式中所表现出来的人格特征。诚实或虚伪、勇敢或怯懦、勤劳或懒惰、果断或优柔寡断等都被认为是性格特征。

西方有句名言：性格即命运。有什么样的性格，就有什么样的命运。

积极的性格如热情、坚韧、勇敢、理智等，可以让人身处逆境时，坦然面对，积极进取，通过坚持不懈的努力，最终获得成功。贝多芬性格坚韧，即使失聪了也能成为音乐家；比尔·盖茨勇于挑战，放弃攻读大学学位，创造了他的微软帝国……

消极的性格如自私、傲慢、暴躁、孤僻等，会让人走入弯路，受尽挫折，最终导致悲剧。《三国演义》中的周瑜，狂傲自大，心胸狭窄，妒贤嫉能，当他发现诸葛亮的才智超过自己时，便想方设法谋害，必欲除掉诸葛亮而后快，结果他的计谋被诸葛亮一一识破，自己反中了诸葛亮的谋算，一而再，再而三地被气得吐血，临到绝命之时仍发出“既生瑜，何生亮”的仰天长叹。周瑜的这一性格特点，就是他的致命弱点。

成也性格，败也性格。不管你承认与否，性格在很大程度上决定了你的人生。一个人的性格决定着他做人的高下、生活品质的高低、事业的成败，从而最终决定了他的命运。

气质改变人生

气质是在人的行为中所表现出的典型而稳定的心理活动动力特征的综合，是一个人由内到外散发的独特的味道，也是一个人区分他人的重要特征。

我们常常说某位男士儒雅、随和、潇洒、坦率，某位女士沉静、端庄、贤淑、优雅，就是说这位男士或女士有气质。气质，是人们的第二张脸。可以说一个人魅力的主要来源就是气质。

有一次，在一个娱乐综艺节目中听到关于某位明星的评价：“她是位气质美女。”气质在这里成了定语，用来修饰“美女”。大概节目想表达的意思是这位美女不只是漂亮，还很有内涵。

一个人的气质如何直接决定了他在别人脑海中的印象，直接影响到其被接受的程度，决定了他的竞争力，实际上也影响了人生布局。在同样的条件和场合下，那些风度翩翩、优雅有派、博闻广识、素养深厚、气质出众的人，总是能够赢得更多人的赏识，获得更多的机会，因此也能更容易取得成功。这就是气质的魅力和力量。

好性格，好气质，好人生

有多少人因性格缺陷而走向了失败的命运，又有多少人因气质出众而赢得了美好的人生。

那么，性格究竟是指什么？气质的概念是什么？你有怎样的性格类型和气质特征？什么因素在影响你的性格和气质？性格和气质是怎样影响你的心情、思想、婚姻、社交、事业，并最终影响你的未来？

本书分“性格决定命运”和“气质改变人生”两大篇，紧紧围绕“性格”和“气质”这两大主题，深刻阐述了其对个人命运和人生的影响作用。

“性格决定命运”篇从性格定义，性格特征，性格类型，性格对人的事业、工作、爱情、交际、前途命运的影响等多个角度，对性格内涵进行深入挖掘，全面探讨性格与命运之间的关系，不仅在理论层面对性格决定命运进行了科学的论证，而且对每种性格都做了较为透彻的分析，包括性格的优势和缺陷，从而帮助读者了解自己性格的优劣，扬长避短，发挥性格的优势，规避性格的劣势，最终成为命运的主人。

“气质改变人生”篇从气质的定义，气质特征、影响气质的因素，气质对人的公众形象、健康、婚姻、社交、工作效率、事业成败、人生结局的影响等各个层次，系统解析了气质对人生的非凡影响力，同时提供了切实有效的方法，引导读者如何经营和培养出领袖气质、精英气质、幽默气质、书香气质、绅士气质、淑女气质等迷人的个性气质，全方位打造属于自己的独一无二的气质，进而发挥魅力，改写人生。

我们常说，应该对自己的前途和未来负责。你有什么样的前途和未来，决定于你是否做出积极有效的改变。不要去管别人怎么说，不要被庞大世界光怪陆离的现象所迷惑，不要因人性的阴暗面而颓废，正视自我，勇于反省，努力改变，哪怕一点小小的改变，都可以为你的人生点亮光彩。

你若盛开，清风自来。当你刻意改变自己、暗暗积聚力量时，你所期盼的好运和机遇就会向你走来，你就会做好你想做的事，成为你想成为的人！重塑性格，经营气质，一切将如你所愿！

目录

Contents

上　篇　性格决定命运——成也性格，败也性格

第 3 章 成也性格——十种成功性格全解密

第 4 章 败也性格——九种失败性格大揭秘

第 5 章 命运犹可违，性格可塑造

第 6 章　所谓好性格，就是情商高

第 7 章　性格与交际——跟谁都能处得来

第 8 章　性格与职业——为你的性格找份好工作

第 9 章　性格与爱情——跳好爱情的双人舞

下　篇　气质改变人生——好气质，好人生

第 10 章　气质何来——揭开气质的神秘面纱

第 11 章　好气质好人生，气质是成功的入场券

第 14 章 时代楷模，中流砥柱——经营你的精英气质

第 15 章 智言睿语，庄谐兼备——经营你的幽默气质

第 16 章 腹有诗书，清香脉脉——经营你的书香气质

上　篇

性格决定命运——成也性格，败也性格

篇首语　认知性格深处的自己

古语云：“知己知彼，百战不殆。”每个人都不想在人生路途上遭遇失败，每个人都想拥有甜蜜的爱情、美满的婚姻、幸福的家庭、亲密的朋友、信赖的知己、腾达的事业、辉煌的成就、外人的仰慕……要想得到这一切，离不开机遇与拼搏，而首先要做和必须做的，不是战胜外在，而是战胜自己；不是了解别人，而是了解自己！

了解自己主要是指认识自己的性格——内向？封闭？自卑？懒惰？虚荣？偏执？浮躁？狭隘？贪婪？怯懦？多疑？不论是什么，都不要惧怕，你能够克服！有一句谚语：“播种行为，收获习惯；播种习惯，收获性格；播种性格，收获命运。”歌德说：“人人都有惊人的潜力，要相信自己的力量与青春，要不断地告诉自己，万事全赖在我。”性格是可以塑造的！

我们生来与众不同，世界上只有一个自己，绝对不会有第二个人和你一模一样。人们的性格各不相同，没有谁的性格绝对优越，也没有谁绝对一无是处。同一种性格特征，从不同的角度看，可能会有不同的利弊结论，关键在于确定目标后如何去发挥性格的长处。比如你可能是孤僻偏执的，朋友很少，生活乏味，但你却可能会超乎寻常的专心研究某个科学问题或刻苦工作，因而在事业上更易成功。

上千年前，刻在阿波罗神庙门上的神谕就告诫过我们：“认识你自己！”在真相这面镜子前好好端详自己，认真反思自己的行为，不要为自己的怯懦找任何借口，不要为了表面的浮华而用虚假的东西来装饰自己，不要惧怕真相带给我们的压力。

心理学迅速发展，已经为人类解决了许多难题，但是至今为止还没有解决人类自身的问题，那就是如何“认识你自己”！

今天当我们重新来审视这个问题的时候，会有许多想法与期待，那就让我们来共同探索这个人类的难题吧！

“认识你自己！”

“认识自己的性格！”

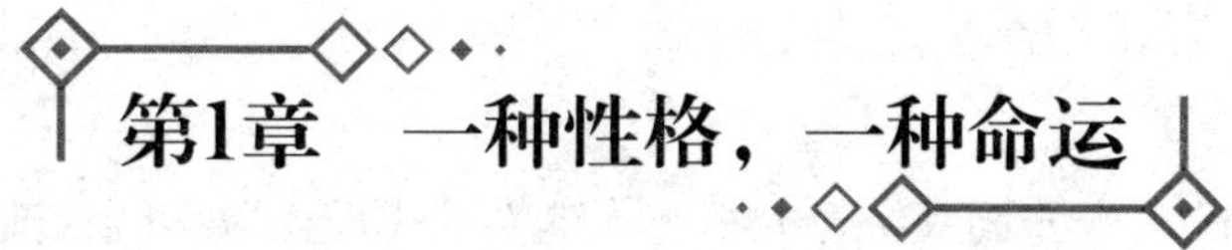

第1章　一种性格，一种命运

什么是性格

生活中，我们往往会说，“这个人性格很温顺”“那个人性格很外向”，可到底什么是性格呢？许多人都无法给出明确的解释。

为了认识自己和他人，我们需要懂得一个概念，这就是我们称作“个性”或者“性格”的东西。给“性格”下定义不是一件容易的事，人们经常用不同的词语来描述一个人的性格，比如乐观型与悲观型，活泼型与腼腆型，温柔型与粗暴型，等等，而且人们在做每一件事情时都试图发现这些性格所起的重要作用。

什么是性格？概括地讲，性格就是人在对人、对事的态度和行为方式上表现出来的心理特点，如理智、沉稳、坚韧、执着、含蓄、坦率，等等。

但是性格又绝不这样简单，因为任何一种性格都有不同的层次。政治家的理智与农民的理智大不相同，宗教徒的执着与赌徒的执着截然相反，因此，性格的文化底蕴才是决定性格的根本因素。

心理学上对性格的定义是，一个人在对现实的稳定的态度和习惯化了的行为方式中表现出来的人格特征。这些特征包括个人的能力、性格、气质、兴趣、爱好、倾向，等等。它们是在生理素质的基础上，通过社会实践逐渐形成和巩固的。

著名心理专家郝滨先生认为：“性格可界定为个体思想、情绪、价值观、信念、感知、行为与态度之总称，它确定了我们如何审视自己以及周围的环境。它是不断进化和改变的，是人从降生开始，生活中所经历的一切的总和。”简单地说，性格就是个体独有的并与其他个体区别开来的整体特性，即具有一定倾向性的、稳定的、本质的人格差异，我们称之为性格差异。性格有好坏之分，是在后天社会环境中逐渐形成的，比如腼腆的性格，暴躁的性格，果断的性格和优柔寡断的性格等。

性格的四大典型特征

从性格组成的各个方面来综合分析，人的性格表现为以下四大典型特征：

一、态度特征

性格的态度特征，指的是一个人如何处理社会各方面的关系，即他对社会、集体、工作、劳动、他人以及自己的态度的性格特征。

二、理智特征

性格的理智特征是指个体在认知活动中表现出来的心理特征。在感知方面，能按照一定的目的任务主动地观察，属于主动观察型，有的则明显受环境刺激的影响，属于被动观察型；有的倾向于观察对象的细节，属于分析型；有的倾向于观察对象的整体和轮廓，属于综合型；有的倾向于快速感知，属于快速感知型；有的倾向于精确地感知，属于精确感知型。在想象方面，有主动想象和被动想象之分；有广泛想象与狭隘想象之分。在记忆方面，有主动与被动之分；有善于形象记忆与善于抽象记忆之分等。在思维方面，有独立思考与依赖他人之分；有深刻与浮浅之分等。

三、情绪特征

性格的情绪特征是指个体在情绪表现方面的心理特征。在情绪的强度方面，有的情绪强烈，不易于控制；有的则情绪微弱，易于控制。在情绪的稳定性方面，有人情绪波动性大，情绪变化大；有人则情绪稳定，心平气和。在情绪的持久性方面，有的人情绪持续时间长，对工作学习的影响大；有的人则情绪持续时间短，对工作学习的影响小。在主导心境方面，有的人经常情绪饱满，处于愉快的情绪状态；有的人则经常郁郁寡欢。

四、意志特征

性格的意志特征是指个体在调节自己的心理活动时表现出的心理特征。自觉性、坚定性、果断性、自制力等是主要的意志特征。自觉性是指在行动之前有明确的目的，事先确定了行动的步骤、方法，并且在行动的过程中能克服困难，始终如一地执行。与之相反的是盲从或独断专行。坚定性是指能采取一定的方法克服困难，以实现自己的目标。与坚定性相反的是执拗性和动摇性，前者不会采取有效的方法，一味我行我素；后者则是轻易改变或放弃自己的计划。果断性是指善于在复杂的情境中辨别是非，迅速做出正确的决定。与果断性相反的是优柔寡断或武断、冒失。自制力是指善于控制自己的行为和情绪。与自制力相反的是任性。

上述性格特征的几个方面并不是相互分离的，而是彼此关联，相互制约，有机地组成一个整体。一般来说，性格的态度特征是性格的核心，而且对社会、对集体的态度又是最为重要的态度，因为态度直接表现出了一个人对事物所特有的、比较恒定的倾向，同时它也决定了性格的其他特征。例如，一个对社会、对集体有高度责任感的人，他对工作、对学习也一定是认真负责、兢兢业业，他对别人也会诚恳、热情，对自己也是能严格要求的。这一点告诉我们，在分析一个人的性格时，一定要抓住其性格的主要特征，由此可预见到他的其他性格特征。

另外，性格的各种特征并不是一成不变的机械组合，常常在不同的场合下会显露出一个人性格的不同侧面。鲁迅先生既“横眉冷对千夫指”，又“俯首甘为孺子牛”，充分体现出他性格的丰富性和统一性。

性格构成的十八要素

从空间的结构上讲，人的性格要素包含行为、形体、情感、精神、认知、目的、历史、未来、多面和多变十个基本层面。在时间的作用下，行为决定关系，形体造就特征，情感影响态度，精神成就气质，认知左右能力，目的决定计划，历史带来经验，未来设定理想，从而人的性格内容可以概括为行为关系、形体特征、情感态度、精神气质、认知能力、目的计划、历史经验、未来理想、多面多维和多变多态十大类，各类之间有过渡，又会产生新的性质，总共十八大类。

（1）开放性：描述是否愿意与人交往，注重和谐发展。

（2）完美性：描述追求完美，重视目标计划的程度。

（3）较真性：描述对事物的钻研和完善程度。

(4) 认知性：描述是否重视积累知识，包括聪明程度。

(5) 成就性：描述是否注重成就的程度。

(6) 力量性：描述是否愿意支配和影响他人。

(7) 浪漫性：描述浪漫程度。

(8) 给予性：描述是否愿意给予他人，包含仁爱、慈孝、正义等。

(9) 活跃性：描述情绪的兴奋和活跃程度。

(10) 形体性：描述形体特征的状况以及重视享受的程度。

(11) 疑惑性：描述是否倾向于探究他人的动机。

(12) 随和性：描述和平、随和与安静的程度。

(13) 传统性：描述对传统的坚守程度。

(14) 自由性：描述重视自由的程度。

(15) 智慧性：描述创造能力，智慧程度。

(16) 想象性：描述重视想象，追求至善的程度。

(17) 多面性：描述性格复杂程度。

(18) 多变性：描述机敏的程度。

遗传基因决定性格

人的性格真的会受遗传因素的影响吗？先天与后天因素对人的性格影响到底有多大？后天因素会改变人的性格吗？

一、存在“性格基因”

1993年，《科学》杂志发表了荷兰奈梅亨大学遗传学家汉·布鲁纳的研究报告。这项研究针对一个荷兰家族进行，该家族很多男性成员都具有一些奇怪的攻击性，如裸露、纵火、强奸等。他们的愤怒阈值似乎非常低，一些常人看来不值一提的挫折和压力都会激起这些人莫名的疯狂，甚至会殴打激怒他们的人。对他们进行遗传分析后，发现这些男性体内缺少编码单胺氧化酶的基因。此后，科学家不断地发现了基因与性格存在关联的证据。

在性格与基因的关联研究中，研究人员关注的主要是与脑内神经递质有关的基因：“例如，如果人脑内‘5-羟色胺’这种神经递质较少，人就容易抑郁，5-羟色胺基因、5-羟色胺转运蛋白基因等都与人的抑郁有关。去甲肾上腺素、单胺氧化酶等脑内神经递质也会对人的心理和行为产生一定影响。”

我们也常能听见人们说某人身上存在某种基因特质，比如说某人有“冒险基因”“快乐基因”“抑郁基因”等，对于这种将人的性格特征与基因直接挂钩的说法，当前科学界对于人类性格受哪些基因的影响还未搞清楚，只有粗浅皮毛的认识。但某些基因的确与性格行为有关系。例如，我们人体内都存在的MAOA基因，也就是所谓的暴力基因，这种基因与人的攻击性行为有关，还有5-HTT基因会与快乐感受有关等。

二、性格受遗传影响

既然人体内的某些基因与性格有关系，那人的性格是否受家族遗传影响呢？心理学家解释说，“冒险行为”“性格”和“抑郁”等都会受到遗传的影响，遗传率在40%~60%左右。

俗话说“有其父必有其子”，人们通常认为子女的性格会与父母的性格相近。然而，实验结果表明父母性格与子女性格呈弱相关，也就是说，孩子的基因虽然来自父母，但基因的作用不一定能显现出来。他们的性格可能像父母，也可能像其他家庭成员，也可能谁都不像。比如，可能父母双方都内向，而他们的孩子却非常外向。

遗传对心理和行为影响表现最明显的是在同卵双生子之间。专家强调，“同卵双生子之间的人格相关性往往较强”。BBC纪录片《一对分隔在世界两端的中国双胞胎》也证实了这一点，一对中国同卵双胞胎姐妹分别被一个美国家庭和一个挪威家庭收养，虽然两姐妹的生活环境不同，但是长大相遇之后两人性情相投，成了分隔天涯的一对知己。

后天因素影响性格

虽说性格与基因遗传因素有关，但后天环境对其影响更大，性格与家庭和社会环境因素紧密相关。

“环境对人性格的影响往往高于基因遗传对性格的影响”。专家认为，良好的后天环境对良好性格的养成非常重要，如果一个孩子生活在不良的家庭环境中，父母对其动辄施以打骂、家庭暴力，那肯定会对孩子的心理产生不良影响。

专家表示，孩子出生时虽然会表现出不同的气质，比如有些会比较急躁，不好护理，有些则平易温顺，比较好安抚，但这种气质会受后天环境的影响而慢慢变成较为稳定的人格。

既然性格受环境影响较大，那我们是否可以改变自己的性格呢？心理学家解释说：“性格其实无好坏之分，但如果你对自己的性格不满意，可以通过自身努力做一些调整。比如你是内向性格的人，但做的是公关工作，你可以对自己多加锻炼，使自己的性格适应这一工作环境。”

一种性格，一种命运

常言道，性格决定命运。一个人的成功与否，与个人的性格息息相关。从古至今，性格左右着人的一生。

项羽和刘邦，是两个性格有着鲜明对比的历史人物。项羽武力过人，力能举鼎，有万夫不当之勇，同时具有先天的领导力和非凡气度，带兵打仗同样所向无敌，能征善战，仿佛出世就是与众不同的大人物大英雄。但是他性情暴戾，刚愎自用，过于自信，不能容人，使手下的能臣干将一个个离他而去，盖世英雄项羽从此走向穷途末路。刘邦则恰恰相反，宽宏大度，性情温和，礼贤下士，善于用人，因而势力逐渐壮大，最终打败项羽，一举夺取天下。

可以说，正是由于性格原因，导致了项羽和刘邦两人截然不同的人生归宿与政治命运。

曾经有位美国记者采访投资银行一代宗师摩根，问道：“决定你成功的条件是什么？”

已是暮年的摩根不假思索地说：“性格。”

记者再问：“资金重要还是资本更重要？”

摩根答道：“资本比资金更重要，最重要的是性格。”

摩根曾经成功地在欧洲发行美国公债，采纳无名小卒的建议轰轰烈烈地大搞钢铁托拉斯计划，还曾经力排众议推行全国铁路联合……他的奋斗史，他的开创性伟业，根本上是源于他倔强、坚强和敢于创新的性格。

1998年5月，世界巨富沃伦·巴菲特和比尔·盖茨应几百名学生的邀请去华盛顿大学演讲。有学生问了他们一个有趣的问题："你们是怎么变得比上帝还富有的呢？"

巴菲特回答说："这个问题非常简单，原因不在智商。为什么聪明的人会做一些阻碍自己发挥全部工作效率的事情呢？原因在于他的习惯、性格和脾气。"

盖茨非常赞同他的话："我认为沃伦的话完全正确。"

摩根、巴菲特和盖茨其实道出了赫拉克利特的一句名言：性格即命运。他们的成功也恰恰印证了这句名言。

一个人的性格特征将决定着其人际处境、婚姻境况、生活状态、职业选择以及创业成败等，从而根本性地决定着其一生的命运。如果将一个人比作一栋大厦，那么性格就是大厦的钢筋骨架，而知识和学问等则是充斥于骨架中的混凝土。钢筋骨架决定着大厦能建多高多结实，是高耸入云的摩天大楼还是低矮的简易楼房；性格决定着你的一生是悲剧连连、平平庸庸还是建功立业，让人敬仰。

命运在很大程度上也取决于环境，或者说是机遇。可环境仅仅框定了一个人遭遇的可能范围，性格则决定了他对遭遇的反应方式。性格不同，反应方式也就不同，相同的环境就有了不同的意义，因而也就成了本质上不同的命运。

走进自己的内心，读懂自己的性格

每个人都想成功。每个人都希望拥有更好的性格。可事实是有人成功，有人失败；有人能从失败中崛起，最终走向成功，有人却自成功中堕落，深陷失败深渊；有人拥有近乎完美的性格，有人却孤僻、暴躁、自卑、懒惰、怯懦，贪婪，缺陷重重。

亲爱的朋友，看看我们身边的芸芸众生，是否每天都在上演着成功或失败的人间悲喜剧呢？所有的成功或失败，机遇固然重要，可根源却是在我们自身——我们的心灵或者性格。

俄国文学家屠格涅夫说过："人的心灵是一座幽暗的森林。"幽暗的森林包罗万象，深不可测，像迷宫又像深渊，令人难以看到其真面目。可是我们又必须走进自己的心灵，去认识自己。想想看，我们每个人都想要做好自己，无论在生活上还是在事业上都成功，可是如果我们不认识自己，又如何去做好自己呢？我们都想要继续向前走，但如果我们不知道自己身在何处，又怎么知道前方在哪里？

我们每个人都会成功，但若未能发掘自己巨大的潜力，你可能正在苟延残喘、无所事事地挨过每一天；你可能正在不适合的工作上死撑；你也可能正在和一个不适合的爱人每天吵得不可开交；你可能没有朋友知己，表面虽然活得不亦乐乎，实际上内心不得不承受着孤独与寂寞；你也可能正在错误地管理着下属，泯灭他们的个性与生产力……一生就这样胡乱地过去，这是天底下最大的浪费！

日本有位心理学家曾经说过："青年在不能确认自己的情况下所进行的活动和实践，只能是一种逃避和消遣。从这个意义上说，青年必须首先从正视和分析此时此地的自我开始。"所谓"确认自己"，就是走进自己的心灵深处，剖析自己的性格，找出长处与缺陷。

青年人开始走向独立生活，自我意识大大地增强了，但常常表现出某些偏见。我们平时经常听人说：

"我对自己最清楚！"

"难道我对自己还不了解吗？"

其实，讲这些话的人往往对自己并未真正地了解，对自己的性格、才貌、学识、成绩、贡献以及自己在别人心目中的地位等，要么估计得过高，要么估计得过低。对自己估计过高的人，往往自尊心过强。自尊心本来是一种可贵的性格品质，它能激发人的进取精神，自觉维护应有的荣誉和人格。但是，自尊心太强，则会有害身心健康。这种人往往以自己的长处去比别人的短处，总是看不起别人，目中无人，以为自己处处比别人强，一旦别人超过自己就不高兴，容易产生嫉妒心理。别人的幸福和自己的不幸都将使其感到不快，因而环境适应能力较差，易出现心情沮丧、牢骚满腹，从而引发身心疾病。试问如果他不能走进自己的心灵，找出自尊自大的性格症结并且克服，又怎么会尝到幸福的滋味和成功的快乐？

对自己估计过低的人，又容易产生自卑心理，久而久之形成了自卑的性格。谦虚谨慎、虚怀若谷本是一种美德，承认自己知识少的人，往往是勤奋好学、有真才实学的聪明人。然而，事事处处都觉得自己不行，也是一种极其有害的性格。例如，在身体上嫌自己长得太矮、太胖或太瘦，怀疑自己的健康，担心患癌症；在学习上甘居中下游，缺乏进取精神；在事业上缺乏信心，无所作为；在人际交往中有一种惭愧、羞怯、畏缩、低人一等的感觉。这种有自卑性格的人对外界的反应十分敏感，容易接受消极的暗示，稍受挫折就会心灰意懒，甚至产生厌世轻生的念头，对身心健康危害极大。敢于走进自己的心灵，客观地认识评价自己，正确地进行自我分析，是个体认识世界的组成部分，也是心理卫生的一条基本原则。

走进自己的心灵认识自我固然不是件很容易的事，但只要努力循着本书的步伐，去认识什么是性格，剖析自己的性格，就不难走进自己的心灵深处，找出并克服自身的性格缺陷，优化、打造性格，使之成为成功的资本。这样我们就可以成为掌控自己的舵手，在波涛汹涌的海洋里乘风破浪，勇敢地驶向成功的彼岸。

把握性格，才能把握命运

人类历史的第一个前提无疑是个人生命的存在。每一个人的生命都是人类繁衍工程里的一个结晶。生命经历了人类历史的长河，经历了祖辈人的不懈努力。生命的宝贵，在于它延续而来的历史太悠久了，使每一个存在的人感到庆幸、自豪、惊讶和珍贵。然而死亡给生命规定了存在的界限。如何用有限的生命建造那瞬间的丰碑，成为每一个生命孜孜追求的目标？虽然个人的存在被限定在生命界限内，但是在悠长历史之光的照耀下，它有了社会和历史的意义，个体发出的瞬间光明连成一片，个体价值的意义又构成了人类永恒的历史。

阿尔伯特·爱因斯坦在1999年被《时代》杂志选作“世纪人物”，这位物理学和数学方面的天才拓展了人类的思维，开辟了科学与技术的新领域，未来的人们将看到他为人类认识宇宙的本质所做出的重大贡献。然而，爱因斯坦之所以被广泛接受，成为我们时代最具影响力的人物，主要不是因为他的天赋，而是因为他的个性。对于大多数人，包括爱因斯坦这样才华横溢的人来说，其生活的每一个成就，无论是辉煌的业绩还是微小的收获，更多地取决于人的个性，而不是其他任何单一的因素。

在过去的历史中，由于机遇不平等，性格的因素还不是那样重要，但在今天，在这个高度发达的信息时代，同样的机遇同时摆在人们面前，人与人的性格不同，对待机遇的态度也不同，于是有的人能成功，有的人只能与成功擦肩而过。21世纪，年轻一代人的口号是“不怕你有个性，就怕你没个性；不怕你有毛病，就怕你没毛病”，所以我们说这是个性张扬的世纪。

人，是天地之心，是万物的灵长，但是，人类自从睁开双眼的那一天起，就为命运所困扰，人类的历史也就成了与命运进行永不妥协斗争的历史。什么是命运？一般来说，命运是个人无法把握的寿夭祸福、穷通贵贱。正像孔子所说的那样：“吾十有五而志于学，三十而立，四十而不惑，五十而知天命，六十而耳顺，七十而从心所欲不逾矩。”所谓“五十而知天命”，并不是说他已经预先知道了天命，预测到了自己的未来，而是说他已经懂得了自己做什么和如何去做，实际上，这就是将外在的命运内化为自己的性格。他把握住了自己的性格，也就把握住了所谓的“天命”。

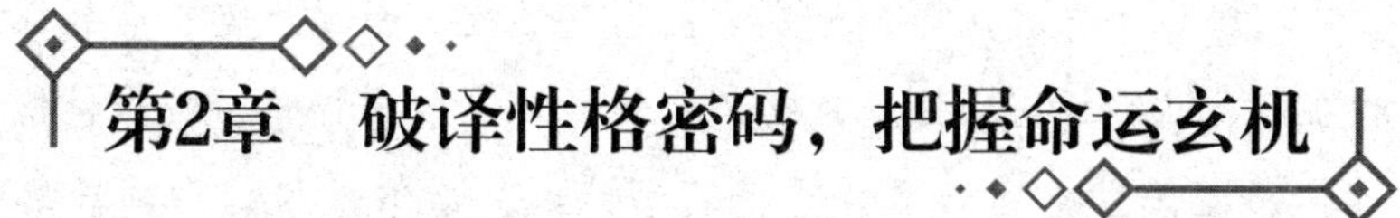

第2章　破译性格密码，把握命运玄机

芸芸众生，有多少种性格

心理学家们曾经以各自的标准和原则，对性格类型进行了分类，下面是几种有代表性的观点：

（1）从心理机能上划分，性格可分为理智型、情感型和意志型。

（2）从心理活动倾向性上划分，性格可分为内倾型和外倾型。

（3）从个体独立性上划分，性格分为独立型、顺从型和反抗型。

（4）从血型上划分，分为A型、B型、AB型、O型四种性格。

（5）从色彩上划分，可分为红色性格、蓝色性格、绿色性格、黄色性格、紫色性格、白色性格、黑色性格、粉色性格、棕色性格。

（6）按人的行为方式，即人的言行和情感的表现方式可分为A型性格（交际能力较弱）、B型性格（人际关系不融洽）、C型性格（被动适应）、D型性格（人际关系较好，有组织能力）和E型性格（善思考，不善交际）。

（7）根据人们不同的核心价值观和注意力焦点及行为习惯的不同，人的性格可分为九种，称为九型性格，包括：1号完美型、2号给予型、3号成就型、4号浪漫型、5号理智型、6号忠诚型、7号享乐型、8号领袖型、9号和平型。

（8）根据人们不同的价值观，可把人的性格分为理论型、经济型、权力型、社会型、审美型、宗教型。

（9）根据人的情感和思维方式，分为敏感型、感情型、思考型、想象型。

（10）根据心理发育的成熟性和社会的适应性，分为活泼型性格、力量型性格、无力型性格、不适应型性格、偏执型性格、分裂型性格、爆发型性格、强迫型性格、癔症型性格、攻击型性格。

（11）日本学者把性格分为五种类型：神经性性格（N）、内在性性格（S）、同调性性格（Z）、黏着性性格（E）和自我显示性性格（H）。

（12）传统式分法是目前影响力最大和最为人们所熟知的性格类型划分方法。它将人的性格划分为十九种类型，分别为：理想性格、叛逆性格、懦弱性格、坚韧性格、勇敢性格、耿直性格、刚毅性格、刚愎性格、优柔性格、狡诈性格、孤独性格、世故性格、谨慎性格、好强性格、敏感性格、情绪性格、自制性格、方圆性格、豪放性格。

你的血液里流淌着你的性格

血型是指血液成分（包括红细胞、白细胞、血小板）表面的抗原类型。通常所说的血型是指红细胞膜上特异性抗原类型，是根据红细胞表面同族抗原的差别而进行的一种分类。由于人类红细胞所含凝集原的不同，而将血液分成若干型，故称血型。

人的血型有很多种，每一种血型系统都是由遗传因子决定的，并具有免疫学特性。最常见的血型系统为ABO血型，分为A、B、AB、O四型。

一、温柔节约的A型

一般说来，A型的人大都个性温和，行动规矩，而且会自觉对社会及个人有强烈的使命感，产生一份责任心，因此他们追求安定平稳的生活方式，顺应环境的能力很强，生性稳重踏实，善于和周遭的人相互协调，互相配合，颇有同情心，为人和蔼可亲。

他们对于任何事物都很认真而且负责，一旦做起事来，便有如同“工蜂”一般战战兢兢、忙碌异常的精神，但易受现有形态的拘束，常常是处于被动者的地位。他们的感情十分丰富，诚实而且谦虚，金钱方面则十分节俭，多半喜欢一点一滴地积存，会很有成就感，不喜欢挥霍无度或是浪费成性，不过有时候却常常因过度节省，反而让人产生“小气”的感觉。

悲观可说是A型的共同特色，也是最大的缺点。往往在受到打击后，会因受不了外来环境的压迫，而想从现实生活中逃避，不愿去面对，因此为爱自杀或精神分裂的人，大多是A型的人。

二、生命力强的B型

感觉敏锐、有很强行动力的人是属于B型的特性。他们生性开放明朗，光明磊落而又洒脱，不拘泥小节，不喜欢受到规则或法律的约束，讨厌一切的成文条例，所以常被认为是行为放荡之人。

由于个性浮移不定，喜欢讲求变化，意志力不够坚定，对穿着也不会十分注重，容易被人视为马虎之人。但是他们为人正直，是不会说谎的老实人，个性随和，且善于交际，态度亲切，思想十分旷达，也极富有创意，话题非常丰富，心思灵活多变，因此只要工作富有多重变化，他便会聚精会神甚至废寝忘食地去做，所以那些演员、作家及企业家大多是此血型的人。

由于具有同情心，心地善良，因此很容易为人所感动。B型的人最容易受到他人的蛊惑、诱骗；而且对于素昧平生的人，也能够给予十足的信任；最爱哭，但又有浓厚的人情味，使人乐于与他亲近，对名利并不热衷，不会汲汲地为自己去钻研。

B型的人非常喜欢热闹，尤其会跟人瞎起哄，闹成一团，在人群中也颇受欢迎与爱戴。但是个性反复无常，做事常会犹疑不定；不爱与人在一定的形式中交往，他们对人没有偏见，一律平等，和蔼可亲不会憎恨他人。

B血型的人嗜好很多，对工作认真，即使偶有小过小错，也会因他善于执行、永远生气蓬勃而掩饰过去；因此往往在年纪轻轻时就可以成名。此外，处世不够慎重，独断独行，大胆豪放是B型的缺点。

三、乐观自我的O型

O型的人可说是人情味颇重的血型，性格上乐观进取，明朗外向，意志坚定，有自信心，好出风头，做事情有决断力。一般来说O型的人是正直、热情的，而且十分能干，缺乏谦让的心，十分讲究个人与利己主义，求知欲很强，十分好奇，他们也许自私自利，但是无可否认的是，他们也具有深厚的感情与同情心。

不过O型的人欲望颇重，为了满足心中的一股欲望，可以去做坏事，也能够做好事，这是O型人典型的写照。实践能力强，又具有领导的能力，而且擅长演说，带有独裁者的个性，因此在社会中极易获得众人的拥护，取得领导的地位。加上个性开朗，喜欢讲究派头，出手十分大方，又喜欢结交朋友，善于和人称兄道弟，所以常左右逢源，是各种场合的中心人物，因此O型血的人在这四种血型人当中最容易成功。

他们生性幽默，对于人、事、物都比较客观，会用公正公平的心去判断一切，也爱帮助别人，在处理事物时，往往会拿出令人想象不到的好主意，但美中不足的是，往往黏度不够强，容易虚张声势吓唬人。

四、双重人格的AB型

AB型的人兼具了A型与B型的特质，因此是双重人格的血型。生性复杂，自我表现欲很强，外表看起来典雅大方，而且大胆，不过若想和AB型的人谈恋爱，恐怕比较累，而且也不容易谈得来，他们处世积极，只是不太容易与别人融洽地相处。

他们做事有计划，但是没有耐性，容易冲动，不过处世圆滑周到，能够把握工作要领，而且速度敏捷，不喜欢墨守成规，有时会表现出多变的个性。他们在初次见面时，给人温文有礼的感觉，但往往第二次见面时反而变得有点儿冷淡陌生，这是受到A、B型两者的互相影响，讨厌口是心非的人，具有强烈的批评精神，但是头脑却很容易疲倦。

不讲人情是AB型最大的特色，对于男女关系，他们觉得是再简单不过的事了。他们给人的感觉大多是冷漠而且缺乏人情味，但又总觉得应该为社会大众做点儿有益的事，如此生活才有意义，因此在社会中，AB型的人颇受重视。多话是AB型的最大缺点，往往容易因此而被人讨厌，做事缺乏一贯努力，再加上做人不太有人情味，易使生活陷入孤独。

形形色色，你的性格是哪一色

在古代，人们相信颜色具有某种魔力，而在今天，科学家也认为颜色与人的大脑、心理和性格有着某种联系，不同颜色对人的情绪、思想和行为有着深刻影响。由于人们的生活经验、传统习惯及年龄、修养不同，对色彩产生的心理反应也自然不同。

色彩是情感的语言，不同色彩可以诱发不同情感。不同的色彩对应着不同的性格，根据一个人喜欢什么颜色，可以看出这个人的一些性格特征。通过对性格色彩密码的解读，学会以“有色眼睛”洞察人性，有助于增强我们的人生洞察力。

一、红色性格：热情豁达

红色意味着“火”或“血”。

红色性格的人个性坚强，积极豁达，活泼异常，感情丰富，性格外向。他们总是准备争论，有强烈的进攻意识，说话做事快并不加思索。

他们是精力旺盛的行动派，不管花多少力气或代价也要满足自己的好奇心和欲望，其充满精神的状态会感染周围的人。但由于缺乏耐性，常常稍微不顺自己的意就会生气。不过他们天生乐观，并不会因为挫折而闷闷不乐，总是想办法当场解决。然而一旦有事发生，他们总是先怪罪别人，这点对他们很不利。如果对别人能够秉持一颗更宽大的心，那么他们的人气会更旺。

这类性格的女性被认为是“具有丰富愿望的年轻型”，生活中她们常常感到不满足，富有冒险精神，追随流行时尚，但其变幻无常的性情常常令人捉摸不透。她们做事积极主动，意志坚强，不轻易服输，很难被别人所左右。在恋爱方面一贯主动热情，最受年轻男士欢迎。她们努力赚钱，大方花钱。

最讨厌红色的人一般不喜欢别人跟自己太过亲近，正因为如此，对于突然来临逼迫式的爱情，他们会临阵脱逃。其实他们心里渴望激烈的爱情，但由于这种性格，使在感情的路上一直波折不断。这些波折也使其对爱情裹足不前，错失良缘。

二、黄色性格：自信潇洒

黄色是思考事情的理智之色。看到黄色，人们便容易提高自制力和注意力。

黄色性格的人心情欢畅，轻松愉快，性格外向，精力充沛，做事潇洒自如，说话无所畏惧，不担心别人考虑什么。他们不易动摇，是可以信赖的人。

他们富有高度的创作力及好奇心。关心社会问题甚于切身问题，喜欢追求崇高的理想，尤其热衷社会运动。他们相当自信，而且学问渊博，也以此为傲。看起来他们好像社交专家一样，其实内心很孤独。所以，他们绝对不会背叛朋友，也绝对不做没有把握的事。

黄色性格的人，大多属于理论家类型。他们虽然才能出众，却容易恃才傲物。由于自尊心强，又对自己的能力极具信心，因此，他们经常希望得到别人的肯定和赞赏。尽管如此，他们有时又能温顺服从，表现出合作的个性，由此而言，爱好黄色的人是真正生命力强盛的人。

喜欢黄色的女性，内心天真烂漫，但比较理性和冷静。对自己的智慧和能力充满信心，因此也期望获得他人的赏识。从外表上看，她们好像很温顺，其实却很好强。在金钱上，她们很豁达，除非手头真的拮据，否则不会很在乎钱。

三、绿色性格：乐观进取

绿色是生命与和平的象征。

绿色性格的人，性情平静，善于克制，心绪不易烦乱，很少会焦虑不安或忧愁，内心充满希望并且乐观，渴望事事更加美好。

他们基本上是一个追求和平的人，不过害怕独处，喜欢群体的生活，也因此擅长与周围的人保持良好的和谐关系。他们总是给人亲切温和的印象，而周围的人也对他们十分信赖和崇拜。不过，因为他们对每个人的态度都差不多，所以有时候也容易让人误会，认为他们是八面玲珑的人。他们十分上进，但因为不喜欢在团体中太突出，所以他们也会要求周围的人一起奋发向上。

绿色性格的女性被认为是“坚韧实际的母亲型”，生活中她们安于现状，行动慎重并很努力，但害怕冒险和超前，性格内向且常常压抑自己的欲望，在感情方面羞于主动。她们具有两面性。在花钱方面比较理性，不会在冲动之下大手大脚花钱。

讨厌绿色的人在心志上一直不希望变成大人，所以在恋爱中希望倍受呵护，希望对方不断地为自己付出，不容易为对方着想，常常说出伤人而自己不自知的话，最后只会让恋人伤心。

四、紫色性格：高贵优雅

紫色代表优雅、高贵、魅力、自傲、神秘。

紫色性格的人优雅而高尚，细腻而敏感，审美高雅，自我感觉良好。他们会尽量避免与不懂得体察别人心情、事事以自我为中心、不考虑别人感受的人接触，为此，他们有时给人的感觉有点儿“阳春白雪和者寡”，难以接近。

这类人内心非常坚强，但是外表却很平和沉静，对算命、卜卦以及眼睛看不见的神秘力量怀有浓厚兴趣。对于能够在自己心灵深处唤起共鸣的事物，会不顾一切地为之感动，并热烈的向往，但是这一面却不大为别人所理解。

无论是在信仰、情感或是精神方面，这类人总在努力做得更好。他们渴望知识，热爱读书。为了能够成就理想的自我，会在自己和别人的生活中寻求答案。由于追求完美而又对自己极为苛刻，他们在极力与自己做着艰苦的斗争。

紫色性格的人能交到很多朋友，因为他们总是先考虑别人后考虑自己。他们并不会为自己要求过多，但一部分人也可能成为自我英雄主义者。这主要是由于他们喜欢以一种不确定的方式去寻求答案却往往失败，他们也会因此而郁郁寡欢。他们感情丰富浪漫，容易多愁善感，但常常滥用感情，以致造成很多不必要的误会。

这类人通常具备艺术家的特质，观察力特别敏锐，具有天生的鉴赏力，有个性。许多设计师都会喜欢紫色。此种人讨厌平庸，喜欢独特的构想。在消费方面，则持该花则花、该省则省的态度。

五、白色性格：内敛矜持

白色代表单纯、纯洁、神圣、庄严。

白色性格的人喜欢自己一个人安静地独处，大多不会将自己的感情清楚地流露在外。有的人会以为白色性格的安静是“无言的绝望”，但其实那是白色性格的“牛脾气”。把白色性格的好静天性误解成可以对他颐指气使，这就注定要面对一堵消极的墙。白色性格比通常所知的更为顽固。

白色性格的人喜欢别人征询他们的意见，但是不会主动向别人提供意见。他们珍惜别人的尊敬，但是不会为了寻求别人的尊敬而超越自己的处世规则。他们得有人好好哄着才愿意谈自己的本领、癖好和兴趣。

他们喜欢独立自主，不像红色性格和蓝色性格喜欢控制别人，只想避免受到控制。他们拒绝生活在别人的鼻息之下，尤其是感觉对方未付出对自己应有的尊重之时。他们喜欢依自己的作息时间、按自己的方式做事。他们不会干扰别人，也绝不让别人干扰自己，只有在被逼得忍无可忍的时候，才会倾泻愤怒。

对别人提出的解决办法，白色性格的人采取开放的态度。白色性格的经理重视属下们在于管理方面的新点子。白色性格的儿童欢迎别人的协助，是吸收性很强的学生。他们也是讨人喜欢的同伴，很注意让对方尽兴，对另一方百依百顺。不过，他们希望得到的是暗示，而不是指示。

另外，白色性格的人常让人产生可远观但不可亲近之感。他们一向平和冷静，善于表达自己的感情。他们较少受华丽外表的迷惑，更在意的是内心的情感和精神。他们不喜欢太出位，不爱很抢眼的东西。

白色性格的女性诚实、责任感强，秀外慧中。表面上看她们会掌握金钱，事实上却常会把钱花在不该花的地方。她们对自己的身材和美丽很有自信，恋爱时很少会先向对方表达爱意。

六、黑色性格：深沉庄重

黑色给人的感觉是高贵、沉默、安静、高深莫测。时尚的人说黑色代表神秘，前卫的人说黑色代表酷，成熟的人说黑色代表庄重。

黑色性格的人，沉稳练达，常给人一种神秘感觉。他们即使外表不修边幅，看起来还是很优雅、高尚。在旁人的眼中，他们是个有主见及应对得体的人，而他们自己也希望在别人眼中是个不平凡的人物。

黑色性格的人，通常想显得自己与众不同，从而有意地与他人保持一定距离，以划清界限。但由于他们与周边的环境和人们太过不同，因而常常不被周围的人们所理解和认同。

黑色性格的人，通常会很复杂、高贵、富有戏剧性并且给人一种强有力的感觉。他们可能成为非常有权力和威慑力的人。

黑色性格的人很情绪化，感情忧愁悲伤，感觉到不能像自己所想的那样去说话和做事，认为自己的处境不够好。

黑色性格的女性，抑制感情外露但渴望关怀爱护，她们要么老实朴素、不喜欢引人注意，要么总喜欢哗众取宠。对于金钱，她们要么节俭，喜欢朴实安定的生活；要么充满野心和欲望，爱过奢靡的日子。

七、粉色性格：亲切随和

粉色代表着可爱和甜美、温柔和纯真、优雅和高贵。

粉色性格的人，比较感性，性情细腻，处世温和，大多是和平主义者。他们常常想让自己呈现出年轻、有朝气的感觉，甚至希望在旁人眼中是个高贵的形象。他们中的大多数不是俊男就是美女，散发着一股让人看到就很舒服的魅力。

粉色性格的人富有同情心，关心他人无微不至，但易偏听偏信。

不过，他们却有强烈逃避现实的倾向。因不擅长向人吐露心事，常常躲在自己的小天地之中。又因不容易接受别人的意见，也不喜欢和人争论，常被当作是优柔寡断的人。

一般而言，在富裕的家庭中长大、家教良好又偏理性的人大多具有粉色性格。这类人在性格上比较接近喜欢红色的人，有活泼热情的一面。

粉色性格的女性往往稳重、温柔，但却非常敏感，容易受到伤害。独处时，她们总沉浸在幻想中，向往着浪漫的爱情和完美的婚姻。男性大多也有着温柔的个性，心胸也比较宽广。

喜欢粉色的人对各种事物都容易产生兴趣，但却不愿主动探究，还有依赖他人的倾向。

八、蓝色性格：沉静理性

蓝色意味着宁静、宽广、博大。

蓝色性格的人性格宁静，镇定自若，无忧无虑，善于控制感情，很有责任心。富有见识，判断力强，胸怀宽广，性格内向。

他们是很有理性的人，面对问题常常临危不乱，在起冲突时总是默默将事情化解，等到该进行反击时，一定会以很漂亮的手段让对方折服。乍看之下应该人缘不错，不过他们却不擅长与人交际，所以只与志同道合的朋友自组一个小团体。常因坚持崇高的信念而受人尊敬。他们绝对地坚持己见，对旁人的意见缺乏采纳的雅量，所以与人意见相左时，虽然表面上没显露出任何的不悦，但心里其实很介意。

蓝色性格的女性诚恳真挚，爱幻想，个性温柔细腻，气质优雅，但比较敏感，是个容易受伤的女人。她们憧憬温情和浪漫的爱情，重视友情，常为他人花光了钱，缺乏赚钱或储蓄的头脑。

九、棕色性格：拘谨保守

棕色性格的人，基本欲望非常强烈，能凭借着自己的见识得到巨大的满足，如吃喝等欲望。

他们个性拘谨，很害怕因为外来因素的介入而必须改变自己，性格保守。但在外表及处理事情的态度上，他们却给人较强的信赖感。对于人与人之间的利害关系分得很清楚，所以容易给别人一种冷漠的倾向。

不过，因为他们个性耿直，人们很信赖他们，不知不觉中支持他们的伙伴会越来越多。

讨厌棕色的人：在恋爱上采取放任的态度，喜欢主动、直接、强烈的爱情。遇到个性突出的对象时，就显得很急躁。由于好奇心太强烈，常常被很多新奇的事物给吸引，以致常常忽略了恋人。而且想到什么就去做什么，人缘很好，这一点也会让恋人感到不安。和朋友相处的时间远比恋人还多，所以恋人总有一天一定会离去。这是需要注意和改进的。

九型人格：揭秘人性坐标的古老地图

九型人格学（Enneagram）是一个有2000多年历史的古老学问，它按照人们习惯性的思维模式、情绪反应和行为习惯等性格特质，将人分为九种，称为九型人格。

“Enneagram”一词源自希腊文ennea（九）以及gram（形态），可以译为九柱人格、九型人格或九种性格。

九型人格是2000多年前印度西部与阿富汗一带研究出的人性学，后来由苏非教派所传承。

原来的“九型人格”是一套灵修学问，以口耳传播，教派中的大师以此辨析弟子的性格类型，并依此指引他们灵修上的出路，帮助他们提升人格。

其后，九型人格学说辗转流传到欧美等地，美国心理学家海伦·帕玛早年将它用作研究人类行为及心理的专业课题，更被包括斯坦福大学在内的多所美国大学列作教材，成为热门的心理研究课程。

九型人格揭示了人们内在最深层的价值观和注意力焦点而非表面的外在行为，真正做到了“知己知彼，百战百胜”。所以这套学问被广泛地应用到个人成长、职业选择、人际关系、婚姻、亲子关系、企业管理、销售技巧、教育、心理辅导等诸多领域。

1号：完美型核心特质——苛求完美

完美型追求完美，务求缜密，不管责任多重大，都不会轻易推辞。陷阱在于对“完美”的错误认识。他们追求完美的愿望是一种强迫观念，认定“不论周围的人，还是自己，都不完美”，没有知足的时候，不断地寻找不足。本来具有追求完美的能力，如果过于执着，会感到自己的人生是“担负着重大责任的辛苦的人生”。

比如，当夸赞完美型“你的工作了不起”时，他定会回答说：“哪里，我做得还不够好。”这种谦虚和上进心值得敬佩，但未免过于苛己。完美型只关注现状，但经过一段时间，会渐渐地失去努力向上的斗志。

这种人要想从陷阱中解放出来，首先应该懂得什么叫成长。即使现在还不“完美”，但人由过去迈向未来，不断成长，总会逐渐接近完美。

只要接受这种具有建设性且宽容的观念，就可以发挥自己的长处，善待自己，不带任何偏见地与人交往。这样，可以认识到自己的长处和短处，不走极端，从而取得平衡。

如果能善待自己，就可以善待他人。自己的平和与快乐可以传染给他人，给周围人带来积极影响。自身的改变也会促使工作单位或公司变好。

2号：给予型核心特质——过于奉献

给予型为人亲切温和，事无巨细，为他人尽心尽力。他们的陷阱是，误认为自己的奉献是不求回报、无私的行为。

给予型待人虽然很亲切，但如果过了头，周围的人会反过来恼怒地对他们说：“少管闲事。”看到对方如此的反应，给予型会感到愤怒：“我待你那么好，你却不领情。”

把自己搁在一边，一味地帮助他人，会因为自己的愿望得不到满足而心怀不满，从而产生对他人的依存心理：“我对你好，你也应该回报我。”当然，对于这一点，给予型是不愿意承认的。

给予型愿为别人做奉献，这是值得敬佩的，但必须警惕不要造成对他人的依赖，也不要期待获得称赞或感谢，在没有认识到奉献是无私的时候，就不该去帮助人。

此外，自己想要的东西，不要通过操纵他人来获得，应该依靠自身的力量。即使帮助他人，也不要没有节制，把自己的事搁置一边。为他人尽心竭力，不要因此而认为，“为了你，我做了这么多，你应该感谢我、回报我”。

3号：成就型核心特质——苛求效率

在日本和美国大公司的管理部门，有很多人属于成就型，他们怀有很高的目标，有效率地工作，从而获得成功。成就型的陷阱是，追求效率成为一种强迫观念。他们追求效率的背后，是期望得到高度的评价，一旦这种愿望太强烈，就会为了成功而不择手段，无视家庭和个人健康，一味地工作，成为工作狂。另一方面，陷入争强好斗的误区，被时间追赶着，在精神上常常感到很疲倦。

成就型在取得成功时，不会觉察到自己已经落入陷阱，只有当经历了可怕的大失败后，才会注意到自己的失衡。这对他们本人来说，是不愿看到的情况，但是作为对其失衡的警告，也许是一件好事。人不经历艰难痛苦，是不会改变自己的生活方式的。对于成就型来说尤其如此，只有经历了失败，他们才会重新审视自己的生活方式，改变失衡状态，发挥长处。

成就型应该按照自己内在的精神要求来满足自我。不要在意结果、成功以及他人的评价或自己在公司里的地位，应该注意心中有一个自我评价的标准，这个标准不只是成功或效率，还应加入为人处世的内容。通过自我评价来发现自己的长处，可免于落入该类型的陷阱中。

4号：浪漫型核心特质——自我表现

不甘平凡、追求鹤立鸡群的浪漫型，认为自己与众不同，一味地表现个性，其陷阱是对“真正的自我”的执着。

浪漫型深信只要依据个人经验，掌握将内心深层想法适当地表现出来的方法，就可以找到“真正的自我”。基于此，他们不甘平凡，痴迷于与众不同。如果这一倾向太强烈，会使其与周围隔绝，从而无法过上充实的生活。

人生本来就是平凡的。但是，浪漫型却厌恶平凡，为了追求与众不同，需要比常人做得更多。他们追求非比寻常的刺激感，喜欢冒险，不满足于按部就班的日常生活。由于追求冒险和刺激，其生活态度很容易偏向逃避现实。追求刺激，忽视平凡的交往，会使自己陷入孤立寂寞的境地。

要避免落入这一陷阱，浪漫型需要在发挥自己特长的同时，谦虚地甘于平凡，从而取得人生的平衡。

5号：理智型核心特质——苛求知识

追求知识、收集各类信息的理智型，有知识，能够冷静地分析问题，具有判断能力，但不擅长与人交往，吐露感情。理智型的缺陷是，过高地看重知识的重要性，误以为追求知识，就必须远离他人。一味地追求知识，按理性思考问题，促使理智发达，但却可能不屑从事实际工作。远离他人，独自思考，有时会连自己都看不清楚。

理智型相信具备拯救自己的能力，为此沉湎于学习和思索中。他们不善于向他人求助，与他人的关系流于表面，对他人的责任感和忠诚心也比较淡薄。

因此，理智型需要采取主动，如果要了解现在发生的事情，就必须涉足其中。从旁观者的角度，无论观察多么细致入微，还是无法获知人生的真谛。理智型要主动与人交往，把思想付诸行动，在确确实实地了解了自己的感情后，把感情传达给他人。不要只靠思考来生活，在人情的世界中生活是非常重要的，在其中可以表现自己。如此，理智型一定会发现自身还有以往浑然不知的智慧和能量。

6号：忠诚型核心特质——寻求安全

常常怀有恐惧心的忠诚型，为"安全"的观念所束缚。他们觉得自己的安全受到威胁，因此谨慎小心，疑神疑鬼。一旦陷入寻求安全的陷阱里，既不能做出判断，也不能采取行动，明知面前是牢固的石桥，也不敢过桥，碰到大事，他们会感到恐惧，不敢承担。

恐惧型的忠诚型，要依附强有力的人，遵守法律和规则，恪尽职守，竭尽忠诚。另一方面，恐惧对抗型的忠诚型，对于不正义的权力则进行反抗。这两者都是为寻求安全而采取行动。

因为把自身同自己的意见或做法混为一谈，于是对自己的工作或生活提出的忠告，都视为对自己的攻击，所以忠诚型需要确立对外部世界的信赖。其实，社会并没有想象的那么危险，必须认识到还有很多值得信赖的人存在。和他们建立相互信赖的关系，并认识到他们能给自己带来幸福，就不会再去特意寻求安全。就可以按照自己的判断，踏踏实实地工作。这样，无论在工作上还是生活上，就可以有更多的收获。

7号：享乐型核心特质——理想主义

享乐型的陷阱和其理想关系密切。对他们来说，所谓理想就是人生快乐，所以他们回避和否定人生的痛苦。当落入陷阱的时候，他们不是生活在现在，而是回忆着过去的美好时光，展望未来的快乐计划。在工作不顺利的时候，他们压抑不住内心的不满，喜欢唠唠叨叨，常常采取挑衅的态度。

人生并不总是快乐的。如果总是追求快乐，日常生活会变得很随便，甚至连应该做到的事情都做不到。不断地追求快乐，将讨厌的事推诿给他人，人际关系当然不会好，会被人视为我行我素、不可靠以及游手好闲。

享乐型追求创造性，如果心理上有应付悲愁和痛苦的准备，就可以避免落入陷阱。为此需要做的是，树立完成有价值的工作的决心。

为了取得成功，就必须勇于面对苦难和悲愁，唯有如此，享乐型的理想主义才能变成脚踏实地的东西，可以做出很多成绩。

8号：领袖型核心特质——刚愎自用

有实力、有号召力的领袖型，容易给周围留下恐怖、严厉的印象，自己认为正确的，就会立刻付诸实行，他们有成为支配他人的暴君的危险。领袖型的陷阱是执着于正义。在他们眼中，任何地方都存在不公正，认为消除不公正是自己的使命，而且确信唯有自己才能分辨是非。所以领袖型经常批评他人，听不进不同意见。相反，由于事事要高人一头，摆出一副挑战和不胜不休的架势，将造成许多不必要的矛盾冲突。

领袖型要不落入陷阱，就必须养成爱心。所谓爱心，是指不要为自己的价值观和善恶观所左右，包容和宽容他人。此外，领袖型还需牢记的是，暴露自己的弱点，并不是有损尊严的事情，只有承认自己弱点的人，才是真正的强者。以强压弱，让人畏惧，是非常愚蠢的。

9号：和平型核心特质——规避矛盾

规避矛盾，追求平和的和平型，如果走得太远，就会变成得过且过，该自己发表意见时，也不愿讲清楚，任由他人决定。这样，周围的人不知道和平型到底在想什么，有可能造成各种各样的问题。

和平型的上述毛病源于自卑感，他们似乎认为自己不重要，有没有自己的存在无所谓，没有自信，靠他人推着走，这是由自卑感产生的怠慢所致。

因此，和平型应认识到自己是值得珍爱的。唯有如此，才能敞开心扉，积极与他人交往，认识到矛盾是无法避免的。这样，即使产生矛盾或者伤害某人，该说的事情也能明确地说出来了。

以上所述各种类型都各有弱点即陷阱。知道了自己的陷阱何在，就能防止陷入其中，你的生活才有可能向好的方向转化。

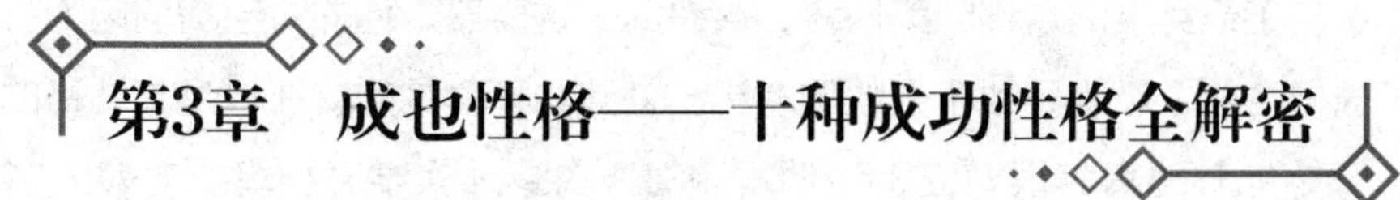

第3章 成也性格——十种成功性格全解密

理想型性格与成功之道

理想型性格就是无性格，它的实质不可名状，正像含盐的水虽咸却没有苦涩，虽淡却非索然无味。具有这一性格特征的人望之俨然，接触起来却和蔼可亲。但是在和蔼可亲中，又有一种天生的震慑力。这种人表面看上去总是那么平淡，不显山不露水，毫无个性，周围的人经常不把他们放在眼里，但他们做起事来，又千变万化，让人琢磨不透，等想明白了，才知道他们不容小觑。

正如老子所说的上善若水，润物无声，这种性格的人像水，虽无声却威力无穷，水滴石穿的道理人人都明白。具备这一性格的人，像水一样可以根据不同的器皿展现不同的身姿，身陷逆境需忍让之时，他们会表现得忍性十足，所谓的“人在屋檐下，不得不低头”，“大丈夫能屈能伸”就是他们的格言。然而一旦机会出现，需要决断之时，他们的性格又表现出果断，该出手时就出手。这种景象让人联想起龟鹰决斗。凶猛无比的老鹰在与慢腾腾的老龟的决斗中却不占上风，原因就在于龟缩着头，鹰无法啄其要害，一旦有可乘之机，龟就会毫不犹豫地撕咬鹰的要害。

理想型性格的人该仁慈之时，总是慈眉善目；该勇猛之时，又势如猛虎下山。这些性格特点促使他们既果敢又谨慎，所以他们是天生的领导者，虽自己才能有限，但却知人善任，在他们手下，必有一大批人才乐为其用，所以他们的事业也注定会成功。这种性格的人多为开世君主，有道明君。

汉代的开国君主刘邦、唐朝的有道明君李世民，就是很好的例子。

刘邦出身于一个普通的农民家庭，他不安于贫困的家庭生活，也不喜欢务农，担任了亭长这样一个小官。他目光敏锐，善于察言观色。他待人宽厚，喜欢施舍穷人，性情豪爽大度，处世不拘小节。常有人评价青年时期的刘邦是一个有一定才能的小混混。在以后的统一大业中，他的理想型性格发挥得淋漓尽致。起初他的势力不如项羽，于是处处忍让，决不与对方起冲突，鸿门宴中的胆战心惊，中途的仓皇逃走都说明了他身上的这种阴柔性格，该忍时一定要忍。他的对手项羽因为一生刚硬，不懂得弯曲，最终导致了失败的命运。刘邦与郦食其的交往也是其性格的一个凸显。开始他对郦食其很傲慢，当他发现对方有真才实学时，马上对对方恭敬起来。刘邦的礼贤下士，使得一大批能人志士投奔他门下，为他的统一大业贡献了力量。当他建立汉朝大业后，对有卓越功勋的韩信的处置，就可以看出他性格中的果断和凶狠。正是刘邦开国之初一系列刚柔并济的举措，才使得西汉后来出现了繁荣鼎盛的局面。

唐太宗李世民是中国历史上最杰出的英明君主之一，他性格平静淡泊，内心敏慧，外表清朗。仁慈之时，对臣民像对自己的子女一样；残忍之时，对兄长也能举起屠刀。他与大臣魏徵的关系是被历代君主景仰的君臣关系。魏徵多次直言进谏，敢犯龙颜，不卑不亢，无所畏惧，除了因为他本身的性格以外，君主的开明豁达、从谏如流才是最重要的原因。如果没有皇帝的圣明，魏徵也不会有恃无恐，因为没有人会不爱惜自己的脑袋。“海纳百川，有容乃大”，唐太宗的胸怀正像大海，他以博大的胸襟接纳了各种各样的谏言，成就了帝王的事业。魏徵死后，唐太宗十分伤心，他痛哭着说：“人以铜为镜，可以正衣冠；以古为镜，可以知兴替；以人为镜，可以知得失。魏徵殁，朕亡一镜矣！”开明的君主、尽忠的良臣，谱写了“贞观之治”的盛世交响乐。

坚韧型性格与成功之道

坚韧型性格与懦弱型性格正好相反。他们是明知不可为而为之，是夹缝里求生存，是明知山有虎，偏向虎山行。坚是一种特性，我们说坚不可摧就是此意。老子说：“兵强则灭，木强则折。”只有坚是不行的，还得有韧。韧是顽强的意志力和超强的忍耐力，坚韧型性格是无敌的，这种性格的人做事专一，不屈不挠，不达目的誓不罢休，无论从事什么职业都会成功，因为他们决不轻言放弃。

爱迪生是个天才，有着普通人无法企及的天赋，但正像他自己所说的：“天才是99%的汗水加上1%的灵感。”爱迪生的一生是传奇，他以坚韧的性格及锲而不舍的努力造就了辉煌的事业。爱迪生从小就有着超强的好奇心，对什么事都想知道背后的原因，不仅如此，他什么都想自己动手尝试一下。在研制电报机的时候，他有时一个星期也不离开实验室，饿了啃几口面包，渴了喝几口清水，废寝忘食地工作，甚至置自己的新婚妻子于不顾。他发明电灯的过程更是其性格的突出表现。在进入实验之前，他在电灯方面建立了3000多种理论，每一种理论似乎都可能变成现实。他锲而不舍地一一进行实验，最终确定只有两种理论可以行得通。他是一个工作狂，只要进入实验室与工厂，就忘记了身边的一切。

勇敢型性格与成功之道

每一个人都希望自己拥有坚强勇敢的性格，勇敢型性格的人是天生的将军和统帅。他们生性好斗，不愿屈服，敢说敢为，喜欢冒险。这种性格的人往往个性鲜明，有着非凡的魅力。

“铁血宰相”俾斯麦可以说是勇敢性格的典型代表。因为怪异的着装和放荡不羁的生活方式，他在大学里就是个知名人物。当时的俾斯麦身材瘦高，衣服由于穿的时间过长，已经分辨不出是什么颜色，他下身经常穿一条肥大的裤子，皮鞋的鞋跟带有铁掌。他还留着长长的头发，两撇八字胡。别人不能对他有一句批评之词，如果有人这么做，那么一场决斗是少不了的，所以压根儿没有人敢惹他。我们都知道俾斯麦是通过三次战争最后实现德国统一的，他是个有谋略的斗士，在他身上不仅有勇敢，还有韬略。他的性格使得德国最后得以统一。

耿直型性格与成功之道

耿直性格的人最大的优点是笃信真理，坚守信念，不为外力所强迫，如荷之出淤泥，梅之傲风霜。他们做人胸怀坦荡，直言不讳，疾恶如仇，秉持自己的本色。他们有独立的意志，也有自由的精神，容易得到人们的推崇和信任，在逆境中会成为他人的精神支柱。

在中国近现代史上，何香凝是与宋庆龄齐名的伟大女性。她和丈夫廖仲恺从大局着眼，积极促成国共合作，为中国的革命事业和妇女解放奋斗了一生。

何香凝虽为女性，但她的性格耿介刚直，容不得半点儿邪恶及奸猾狡诈。在混乱的国民党阵营中，不管对方权势有多大，即便是蒋介石，她也决不例外地直言其不是之处。

“一树梅花伴水仙，北风强烈态依然。冰霜雪压心尤壮，战胜寒冬骨更坚。”这是何香凝耿直性格的写照，她以梅花自喻，表现了一个伟大女性坚守正义、正直高节的品性。

何香凝虽身为国民党元老级人物，但她的正直性格和爱国精神使她对背叛孙中山遗志的蒋介石始终冷若冰霜。1926年，蒋介石制造反共的“中山舰事件”时，何香凝就曾当面斥蒋：“孙先生和仲恺的尸骨未寒，北伐也刚开始，大敌当前，你们便在革命队伍里闹分裂，何以对孙先生？何以对仲恺？”

在国民党阵营中几乎没人敢与蒋介石这样说话，但何香凝敢说也敢骂，她无所畏惧，这就是她的耿直性格，就连蒋介石也惧怕三分。

1927年11月，蒋介石和宋美龄准备在上海结婚，当时的报纸曾以“中美合作”的醒目标题大肆渲染。狡猾的蒋介石为了增加婚礼的“重量”，考虑到何香凝在国民党阵营中资格老、有名望，想请她作证婚人，何香凝借此力劝蒋介石停止屠杀革命志士，放弃反共政策。蒋介石托词辩解，何香凝见话不投机，一怒之下拂袖而去，拒绝为蒋介石证婚，把蒋介石弄得好不难堪。对国民党阵营的人来说，这恐怕巴结还来不及呢，何况蒋介石主动邀请，何香凝却不买账，其耿直程度，由此可见一斑。

在何香凝的性格中，我们可以看出她有一股以天下为己任的大丈夫气魄，这难道不正是她杰出的原因吗？

耿直型的性格是人人都赞赏的性格，然而也存在不足。太直爽未免锋芒毕露，太执着未免流于自我，太真实未免缺乏理智，所以耿直性格的人会遇坎坷，经常置自身于险境，与不幸痛苦相伴，甚至身遭厄运。

刚毅型性格与成功之道

刚毅型性格与耿直型性格有正直的共同特点，但前者比后者多了坚毅，也就是坚强持久的意志力，这种性格的内涵是勇猛顽强，果断自信，直而不肆，光而不耀。刚毅型性格与坚韧型性格都是不屈不挠，锲而不舍，但前者注重刚，势不可挡，而后者则是柔韧，水滴石穿。

这种性格多体现在女性身上。英国前首相撒切尔夫人就是一个例子。这位“铁娘子”是英国历史上唯一一位女性首相，她的闪光点在于其性格中的果断刚毅、毫不妥协，工作起来不知疲倦。她的坚强、刚毅和超强的自制力在她政坛的最后一刻得到了很好的体现。在竞选失利的情况下，她仍然不失“铁娘子”的风范，尽力维护自己的尊严，不让自己在众人面前流泪，用超强的自我控制力完成了最后的演讲。面对失败的局面，她和其他人一样觉得沮丧、痛苦，但是她在得失面前仍然能够保持政治家的形象，不能不说是其刚毅的性格在起着关键的作用。

世故型性格与成功之道

世故型性格的人顾名思义是善于交际、处世圆滑的人，他们精明能干，在人际关系上左右逢源。世故型性格的人可通过依附于一个强人而获得事业上的机遇。这种性格的人大多是权力型的人，他们一旦获得了权力，行为方式与指导思想会比较谨慎，所以他们不会是开拓型的领导。

阿根廷的第一位女总统伊萨贝尔就是这样性格的人。1956年，芳龄25岁的伊萨贝尔与阿根廷前国家元首胡安·庇隆相遇。当时她是一位天真烂漫、艺海中正在跃起的新星，而庇隆则是个年近花甲、下台流亡在外的总统。此时的伊萨贝尔坚信，这位患难总统定有出头之日。从此她成了庇隆得力的助手和秘书，为庇隆的复出贡献自己的力量。经过7年的不懈努力，庇隆终于重新登上了总统的宝座。在庇隆的影响下，伊萨贝尔也以副总统的身份开始了自己的政治生涯。次年7月，在丈夫的扶持下，她也登上了总统的宝座。可以说，她的成功完全得力于她世故型的性格和敏锐的政治洞察力。

谨慎型性格与成功之道

谨慎型性格之人，常常对周围的事思考得很周全，善于三思而后行。这种人责任心较强，多半精明能干。谨慎型性格的人一般以女性较多，她们做事务实，不鲁莽。这种性格的人在关键时刻善于自保，不拖累别人，也不自找麻烦；但其缺陷也就在于思考得太过于细微，不敢去冒险，常会失去许多机会。

曾任美国陆军参谋长的五星上将马歇尔就是谨慎型性格的人。1897年他进入弗吉尼亚军事学院，在这个学院里有一个惯例，所有新生都必须接受老生的种种刁难。在一次老生刁难他们的“坐刺刀”活动中，马歇尔虽然身体虚弱，在刺刀上坚持不了多少时间，但是他不愿与这些老生起冲突，也不愿让老生看不起自己，他坚持着，直到刺刀刺破了他的屁股。从这以后，这些老生对他刮目相看，再也没有欺侮过他。1943年，众议院提议他为陆军元帅，但是他却拒绝了，因为他考虑到这样的提升会损害自己在人民中的影响力，另外也会给他指挥战争带来障碍。他的这些做法使他在部队里赢得了很多人的好感。1945年“二战”结束，他又提出了辞职，虽然失去了政治和军事上的大好前途，但以后的事实证明他急流勇退的做法是正确的。上述这些决定都是他谨慎型性格的最好体现。对任何事他都有着细微的思考，在深思熟虑后，就果断地采取行动。这样的个性，使得他在军事战争和为人处世上都能一帆风顺。

自制型性格与成功之道

自制型性格的人天生不容易发脾气，他们是那种喜怒不形于色的人，任何情况下都能把自己控制得很好，对别人有很强的容忍力。这种性格的人富有善心，大多数人能通过自己的积极工作获得升迁，或者通过创业取得成功。但是自制型性格的人也有缺陷，那就是他们容易过分忍让，让到手的机遇溜走，另外因为对自己要求甚严，他们对身边的人要求也会很严格，不容易通融。

德国的大音乐家勃拉姆斯就是这种性格的人。他景仰自己的老师舒曼，但尴尬的是他又爱上了自己的师母，他压抑着感情，尽心照顾老师和师母。在老师住进疯人院的时候，他在师母身边默默地陪伴守候着。两个人患难与共、相濡以沫，感情越来越好，也越来越炽热。但勃拉姆斯只是默默地爱着，把她看作母亲。老师去世后，他没有像众人想的那样与师母生活在一起，而是选择了离开。他的做法也是深爱师母的表现，他明白他们的感情是为道义所不容的，而且这种爱情也不能带给自己所爱的人幸福。所以他宁愿自己倍受痛苦的折磨，也不愿所爱的人受半点儿委屈，这同样是自制力超强的表现。

方圆型性格与成功之道

方圆型性格是常人难以达到的理想型性格，也是人人都向往的性格。这种性格的人能随着周围环境的变化适时地改变自己，他们能忍则忍，能容则容，该进取就决不退却，该退让时也不会强求。他们对自己与别人都能很好地理解，把宽容、博大、仁爱、残忍都交融在一起，行动时，能够根据具体的情形做出调整。

曾国藩是清末一代名臣，功名利禄四字占全，可谓令人羡慕至极。尽管曾国藩对清王朝忠心耿耿，呕心沥血，但还是屡遭疑忌。

在第一次攻陷了太平军占领的武汉之后，捷报传到北京，咸丰帝大为高兴，赞扬了当时远在战场上的曾国藩几句，被身边的近臣听见，很快就传播了出去。不久，朝中就有人说："如此一个白面书生，竟能一呼百应，并不一定是国家之福！"咸丰听了这话，也默然不语。

曾国藩本意是想为大清王朝效力，力挽狂澜，谁知自己"鞠躬尽瘁"，得到的却是遭人疑忌，内心的委屈和悲愤不言而喻。在我国漫长的历史长河中，因功高盖主而惨遭迫害的忠臣良将举不胜举。然而，曾国藩之所以是曾国藩，就在于他能方能圆，能屈能伸，韧性十足。

重兵在握的曾国藩，若要和清王朝据理力争，也未为不可。然而，他还是以隐忍为重，借回家守父丧之机，带着两个弟弟（也是湘军重要将领）辞去了一切军事职务，以消除君王的隐讳。直到又过了近一年，太平军进攻盛产稻米和布帛的浙江，清廷恐慌，才再次请他出山。

纵观曾国藩的一生，跌宕起伏、风风雨雨、坎坎坷坷，成功又失败，失败又成功。在他不平凡的一生中，不知做过多少次柔韧的调整，才最终最大限度地实现了自己的理想和价值，被后人誉为“千古第一完人”。这一切，都得益于他的集坚强和柔韧于一身的方圆性格。

豪放型性格与成功之道

豪放型性格讲求直来直去，无所顾忌，他们经常为自己的朋友两肋插刀。这种性格的人做事干脆利落，绝不拖泥带水，也不讲求个人私利。他们优点很多，但也有天生的缺陷。他们大多容易冲动，特别信任朋友，因此有可能被坏人利用，或者交友不慎，误入歧途，做出让人遗憾的事情来，从而把自己的前途给毁了。

美国歌坛巨星麦当娜就是这种性格的人，她天性狂野豪放，近乎疯狂，敢说敢做，用狂放不羁的态度去追求艺术上的成功，美国人称她为性感尤物。个性狂放的她早期把目标放在了舞蹈上，但是很快就发现自己并不适合跳舞，在这期间她已经展露出了独特的个性——衣着大胆出位，喜欢制造让人吃惊的效果。后来她开始向音乐这个方向迈进。麦当娜野性十足，从不受什么规矩的束缚，对于别人的鄙视从不放在眼里，知道自己想要的是什么。私生活的放荡也是她个性的一种诠释。这样的女性决不会被外界扑来的各种压力所击倒，她一次又一次地平息了潮水般的诽谤和攻击，为人生开辟了一条越来越宽的道路。

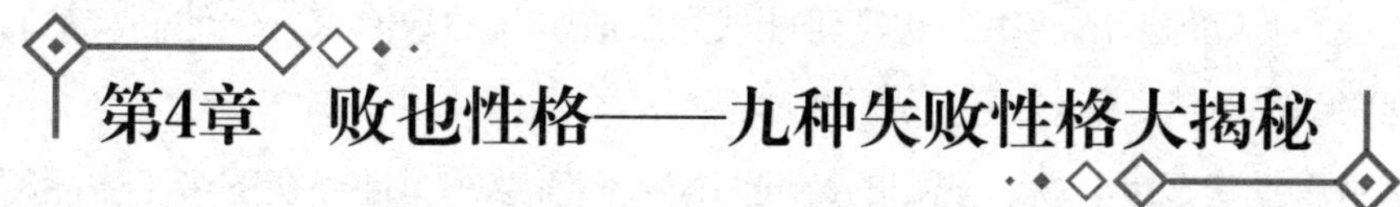

第4章　败也性格——九种失败性格大揭秘

叛逆型性格与失败之源

叛逆型性格与理想型性格正好相反，他们不是无性格，而是随时随地都显现出鲜明性格。理想型性格是水，而叛逆型性格则是火，他们与生存环境相处采取的是赤裸裸的反抗，不懂迂回，不会婉转，而是直接地与所处环境展开针锋相对的斗争，所以这种性格的人要提防成为悲剧人物，因为与环境做斗争，结局只有两种：战胜环境成为英雄或是被环境所吞噬，成为悲剧的主角。

古今中外的诗人都是有性格的，没有性格成不了诗人，也写不出精彩的诗篇。从来没有一个诗人像普希金那样兼具浪漫与反叛的个性，正是这样的个性使得他的诗篇流芳百世，却也造成了他悲剧性的人生。普希金生活在沙皇统治下的帝国，但他从未想过要取悦沙皇。他曾经这样写道：“我只愿歌颂自由，只希望向自己献出诗篇，我诞生在世界上，并不是为了用我羞怯的竖琴讨沙皇的喜欢。”由此我们可以看出他的叛逆型性格。普希金还具有诗化的性格，他为了捍卫自己的荣誉与情敌决斗，这是力量悬殊的决斗，是文人与武士的决斗，但他没有丝毫的退却之心，从容地走向死亡。叛逆型性格使得沙皇政府对他不容，也导致了他不安定的生活。他是崇高的，优美的，也是悲剧的。

懦弱型性格与失败之源

懦弱型性格是性格缺陷的代名词，为很多人唾弃。日常生活中，说某人性格懦弱，往往还有鄙视和厌恶之意。其实，勇敢和坚强固然是每个人所追求和向往的完美性格，懦弱性格也是人们性格中极为常见的一部分。每个人的性格中或多或少都有懦弱的成分，我们往往在困难和灾祸面前退缩，但能鼓起勇气坦然面对失败和挫折的就是勇敢与坚强的人，相反被失败击倒的就是懦弱的人。懦弱型性格的人虽然不能成为叱咤风云的将军，也不可能成为果敢坚强的政治家，但他们常常情感丰富，观察敏锐，感受细腻，是天生的文学艺术之才。

南唐后主李煜因其婉转妩媚的诗词而被人们所熟知，他最初的帝王生活和其后的俘虏经历是其凄凉优美诗词的来源，也是他无奈一生的写照。如果说李煜是一个没有抱负、只知享乐和吟词作画的荒唐君主，那是对他最大的误解。“四十年来家国，三千里地山河。凤阁龙楼连霄汉，玉树琼枝作烟萝，几曾识干戈？一旦归为臣虏，沈腰潘鬓消磨。最是仓皇辞庙日，教坊犹奏别离歌，垂泪对宫娥。”这首词反映出此时的他对当初的懦弱性格的深刻追悔。

刚愎型性格与失败之源

刚愎型性格也是有缺陷的性格，它与刚毅型性格有着表面的相似性。这种性格的人往往把自己看得很重，在他们的视野内，没有可以与自己相提并论的人，他们中的很多人确实有才华，有能力，但却不求进步，最终导致失败的命运。“恃才傲物”是他们的显著特征，他们自视甚高，不愿与别人交流，故步自封，最后难免出现悲剧性的结局。还有一种具有这种性格的人是曾有过很大贡献的人，他们往往认为自己的功勋卓著，听不进别人的意见，最终也难逃悲惨的结局。

关羽正是这种性格的典型代表。他一生战功赫赫，对刘备忠心耿耿，矢志不渝；智勇盖世，过五关斩六将，屡战屡胜，所向无敌。但这些优点也导致了他刚愎自用的性格特征。“大意失荆州”的故事大家都很熟悉，正是关羽傲慢自大使他忘乎所以，目中无人，才不可避免地导致了他的悲剧命运。项羽也是这种性格的人物，他虽英勇善战，但却有勇无谋。刚愎性格注定他在鸿门宴上失掉了杀刘邦的机会，关键时刻失掉谋臣，最后时刻选择放弃生命。所以说性格决定命运，竞争就是性格的竞争，有好的性格，就是成功的开始。

优柔型性格与失败之源

优柔型性格的人遇事犹豫不决，瞻前顾后，办事迟疑，没有决断。他们往往在优柔中失去一次次机会，使自己的命运一变再变。韩信虽为一代名将，其性格却优柔而怯懦。俗语常说的“短韩信”，指的就是他这种优柔的性格特征。谋臣对韩信曾说过这样的话：“相君之面，不过封侯，又危而不安；相君之背，贵而不可言。”话中之意在于劝说韩信造反，然后自立为王。韩信以汉王待他恩重如山而拒绝了。韩信真的对刘邦绝无二心吗？怕不是这样，否则他就不会与谋士偷偷地到僻静的屋子里详谈了。可见他是有野心的，但却又不够果断，失去了良机，最终导致被刘邦杀死的悲剧。

狡诈型性格与失败之源

狡诈型性格的人不受任何道德规范的束缚，它的特征是根据不同情况表露不同面孔，狡猾奸诈。狡诈型性格的人与理想型性格一样具备领导才能，但他们往往为求目的而不择手段，与理想型性格的人比起来，少了正与直的方面，多了狡猾和奸诈。这种性格的人能成功，却往往没有什么好名声，受世人的谴责和唾骂。

经历过1997年东南亚金融危机的人对索罗斯这个名字一定不会感到陌生，他是这场金融风暴的始作俑者，在这场许多人血本无归的金融大风暴中，他赚得金满钵满，但他的成功是建立在别人的痛苦之上，他的出现令东南亚的经济受到严重影响。索罗斯为人狡猾，是只商场老狐狸。20世纪90年代中期，东南亚国家不约而同地开始了一场大跃进，随着经济的快速发展，一些金融漏洞也开始出现。索罗斯很有心计，一直在等待着机会大赚一笔。1997年3月到8月短短5个月的时间，索罗斯几乎摧毁泰国、马来西亚和印尼的金融体系，自己则赚足了好处。诡谲的性格使他极度成功，但他不光彩的行为则为人们所痛恨。

孤独型性格与失败之源

孤独型性格往往是一种深刻的境界，是一种常人无法理解的层次，类似于中国人常讲的“高处不胜寒”，因此伟人常常有这种性格。他们不善于交际，喜欢独处，对事业任劳任怨，勇于向高处攀登，取得的成就非常人所能企及。这种性格也有缺陷，那就是容易走向极端，脾气多怪异，有时甚至走向自我毁灭的道路。

学中国文学史的人对于王国维这个名字肯定很熟悉，他是中国现代文学史上一位有名的学者，对历代诗词有着非常精深的研究，他所写的《人间词话》是诗词研究方面的一部巨作，他也写了很多感人至深的诗词。1927年农历五月初三，他在北京颐和园内的昆明湖自沉而死，留给了后人难以解开的谜题。对于他的自杀，郭沫若曾说：“王的自杀，无疑是学术界的一个损失。”王国维的死亡有着许多复杂的原因，但他自身孤独的性格应该是最主要的根源。王国维个性孤僻、极端，他忠于大清帝国，曾任过清朝末代皇帝溥仪的老师。溥仪的退位，大清的崩溃，使他万分伤感，最终走上了自杀的道路。当时正值社会变革时期，又处在新旧文化的交替点上，其个人的气质极为特殊，所遭遇的事又极其复杂，而事事他又用自己孤僻、偏激的性格来作判断，所以这样的结局是不可避免的。他的《颐和园词》为大家所熟知，这首词把他对大清王朝的留恋表现得淋漓尽致，同时他孤独的个性在词中也得到了反映。“昆明万寿佳山水，中间宫殿排云起。拂水回廊千步深，冠山杰阁三层峙。”颐和园在他眼中是那样的秀丽、优美，而大清国在他眼中也是繁华巩固，然而却被推翻了。王国维无法转变自己的价值观，无法跟上历史潮流，所以选择了自我毁灭的道路。

好强型性格与失败之源

许多人喜欢把自己的成功或失败归咎于运气，但对于好强型的人来说却相信自己的努力。他们会主动寻找成功的机会，有自强不息的精神和积极向上的心态，所以他们中的大多数人容易成功。好强型性格的人也有缺点，因为好强的秉性，他们不甘居人下，不人云亦云，而且会傲慢对待他人，在处理人际关系方面容易走极端，多遭人嫉妒，甚至有时很盲目，自以为是。

希拉里·克林顿起初为人们所熟知是因为其美国第一夫人的身份，人们发现她本身的杰出智慧和好强的个性，丝毫不逊色于丈夫比尔·克林顿。在身为第一夫人期间，她就以自己的强悍、干练给了丈夫许多帮助。在大学期间希拉里就是个不平凡的人物，曾担任学校反对派领袖之一，领导学生与学校不合理的制度作斗争。在丈夫竞选总统期间，她所起的作用是不容忽视的。走出白宫后，她没有放弃自己的政治抱负，历经磨难，凭着卓越的才能和好强的个性，在基本属于男人的政坛中脱颖而出。2002年她成功当选为纽约州参议员，后为奥巴马政府的国务卿。好强的个性是她政治生命里最重要的东西。

敏感型性格与失败之源

敏感型性格的人属于自我实现型。他们通过独特的想象力、敏锐的感悟力，在对目标的追求中得到价值。敏感型人适宜于高智力的活动，可以运用创造性想象及推理方面的特长创作文学作品。他们还可以选择担任军事指挥，因为他们拥有别人没有的感悟能力，一件事普通人可能毫无知觉，但敏感型的人却早早意识到了它的不同之处。敏感型性格也有自己难以避免的缺点。他们很容易神经过敏，会因感情用事而引起不必要的麻烦。

著名歌星迈克尔·杰克逊天性敏感、柔弱；他从小就是个内向、文静的男孩，虽然有着极高的音乐及舞蹈天赋，却很害羞，这样的性格是不适合在歌坛上闯荡的。但他很小就涉足了这个领域，所以他永远都处于自我与周围世界交流的两难境地中。即使成名多年后，在现实生活中，他在心理上始终存在着某些令他无法与现实世界沟通的障碍。舞台上的他疯狂、热情，但现实中的他却是个最孤僻的人，一个极端自我封闭的人，一个极其容易受伤害的人，一个几乎完全生活在儿童世界里的人。

情绪型性格与失败之源

情绪型性格也就是不稳定的性格，或者说是脾气坏的人。这样的人不但会害苦自己，而且也容易伤害周围的人。这种性格的人喜欢交友，对人很热情，他们很容易信赖别人，但却不懂得珍惜身边的朋友。他们大多数人受情绪波动影响很大，忽喜忽悲，让人难以琢磨，给人不成熟、办事不牢靠的感觉。这种性格的人大多从事科学或者艺术工作，这种需要灵感和天赋的职业类型需要人的情绪和爱好拥有多变性。该种性格的缺陷就在于不能把消极情绪转化成积极情绪，让消极情绪破坏了成功的希望。另外，这种性格的人因为情绪多变，容易冲动，很有可能被某些居心叵测的人当枪使，充当他们的探路者。

台湾地区著名作家三毛就是个情绪波动极大的人。她性格内向、孤僻而又偏执。年轻的三毛坠入爱情的旋涡，为了成就这段爱情，她宁愿休学，但是男方没有同意，这使得性格偏激的三毛跑到西班牙去留学。这也是三毛的聪明所在，她太了解自己，怕自己在爱情的罗网中不能自拔，成为爱情和学业上的双重失败者。她虽然怀着失恋的痛苦，但毕竟很年轻，很快走出了感情的沼泽地。在西班牙，独自一个人的三毛变得勇敢和坚强。相信读过她散文的人都记得她由被同宿舍的人欺侮到成为大家客气甚至讨好的对象的过程，这是她成长即性格转变的过程。三毛一生游历过许多地方，其中最艰难困苦的就是在撒哈拉大沙漠，但这样的痛苦经历把她由一个内向胆怯的小姑娘变成了成熟坚强的女人。她变得敢爱敢恨，乐观向上，有了自己独立的生活，并且结交了许多有才华的朋友。

当然，后来的三毛因爱人早逝，再次陷入情绪低潮，并最终以自杀结束了的生命。

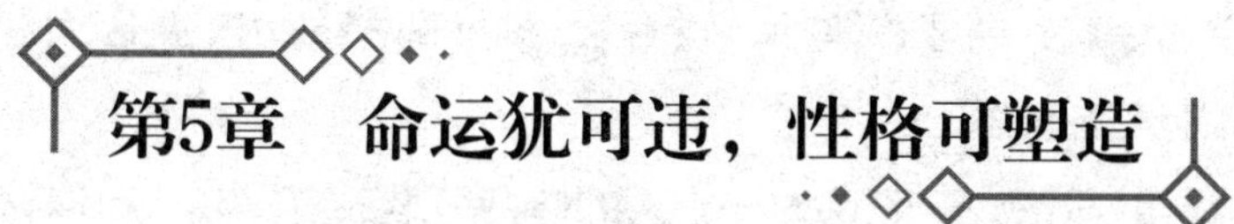

第5章　命运犹可违，性格可塑造

没有完美的性格，没有完美的人

其实性格没有绝对的好坏之分，每种性格都有其一定的优缺点。正是因为多样，世界才如此精彩。不过优点要发扬，缺点要弥补，这个自不用多说。

试想一下，假如全世界都是性格和平型的人，那么大家就都安于现状，没有进步，整个人类社会岂不是要停滞不前？假如全世界的人都是刚劲力量型的性格，那每天除了战争就是争斗，没有一丝安宁。

假如所有人的性格都是活泼型开朗的，那么每天除了笑声就是欢语，除了打闹就是玩笑，除了寻欢就是作乐，社会也不能前进了。

如果所有人都是完美型的呢？好了，每个人每一天除了挑刺就是找事，正常的工作和生活也无法进行下去。

……

无论是在生活还是在工作中，你都不得不面对性格各异的同事、领导、下属或是邻居。了解他们的性格是和他们有效沟通的前提和基础。只有大家性格互补，才能快乐地在一起工作和生活。

命运犹可违，性格可塑造

日常生活中，两个人有着同样的社会背景，同样的家庭环境，同样的生活际遇，同样的智商，但最后一个人成功了，另一个人却失败了，为什么？这就是两种性格，两种命运。

一个人的行为受智力和性格的影响与左右，而一个人的行为又极大地决定着他能否取得成功。最聪明的人不一定是最可能获得成功的人，因为他们往往不会注意周围人的性格特征，这就导致了他们不会改进自己的行为方式。一流的推销商、教师、大夫、心理专家、经理、律师、政治家，他们取得成功正是因为他们善于观察和解读自己与别人的性格。

根据心理学的理论，一般认为一个人的性格很难改变。我们可以认识某人的性格特征，并在必要时对其做一定程度的修正，但人的基本性格可能取决于基因中某些固有的因素，就像我们眼睛的颜色一样是难以改变的。

虽说“江山易改，本性难移”，但并不是说性格不可以改变，只是改变需要一个长期的过程。性格虽然具有先天性和不可改变性，但是它仍然离不开后天的塑造。“苦其心志，劳其筋骨”，是自古英雄出磨难；“生于忧患，死于安乐”，是智者与愚者的不同归宿。塑造性格的主动权，不在命运的手中，而在我们的心中。

培养好性格是改造命运的第一课

人的性格是一种客观存在，却很难用语言说清楚，很难表达出来，它是画家无法描绘，雕刻家无法塑造，摄影师无法拍摄的。性格，我们都能感觉到它的存在，它和每一个人的成长息息相关，发挥着不可忽视的作用。一个人的性格要比语言和行动更有魅力。在青少年成长的过程当中，性格的魅力是难以言喻的，它比任何一种可以衡量和可以评定的品质都要重要得多。所以说，培养良好的性格是人生的第一课。

一个性格坦诚的人，是非常令人欣赏的，因为每个人都喜欢坦诚的人，坦诚的人没有什么需要掩盖，所以这样的性格充满真诚。相反，封闭的性格则常常阻碍人的正确思考，满足于简单、肤浅的知识……

性格的不同，让每个人的境遇完全不同。在日常生活中，许多事情的结果往往取决于解决的方式与方法。

著名科学家富兰克林有一天突然发现自己经常会失去一些朋友，经过思考，他认识到是自己太过于争强好胜，所以始终跟别人相处不好。这时，他坐下来列了一张清单，把自己个性上所表现出的一些缺点全部列在上面，从最致命的大缺点到不足挂齿的小毛病，逐一排列。他下决心要改掉这些不好的毛病。每当他彻底改掉一个毛病时，就在单子上把那一条划去，持之以恒，他成为美国最得人心的人物之一，受到了大家的尊敬和爱戴。

无独有偶，家喻户晓的著名作家梁晓声的成功也归功于他能够充分意识到性格中的消极因素，充分调动积极因素练就好性格。

早在青少年时代，梁晓声就逐渐懂得了自我反省。他在随想录里回忆说，少年时代的他曾是一个爱撒谎的孩子，总是企图用谎话推掉自己对某件事的责任。事后，这种撒谎的行为又常常使他产生沉重的内疚感，可虽意识到在做不好的事，但还是忍不住去做，这使他处于非常矛盾的境地。后来，依靠这种并不十分坚定的自省意识，他逐渐改变了撒谎的习惯，消灭了一种消极品性滋长的可能性。

1977年，梁晓声从复旦大学毕业。在开往北京的火车上，他细细反省了自己在复旦三年的所作所为，将自己做过的亏心事细数了一遍。通过细数这些亏心事，梁晓声认识到了自身性格中的不少消极因素，诸如怯懦、“随风倒”等，于是他通过自觉的努力去克服它们，从而使自己的性格朝着有利于成功的方向发展。

我们不妨学学上述这两位名人，时刻反省自己，找到问题的原因，发现性格上的缺陷，不断自我完善。在成长的过程中，我们必须正确认识自己，了解自己，给自己一个客观的评价，才能改掉毛病，充分发挥优势，赢得更多的先机。

五大原则，循序渐进优化性格

培养良好的性格，对自己、对集体都有重要的意义。一个有自制力、主动、果断、坚毅性格的人，能够很好地安排自己的生活和工作，能够正视现实、克服困难，在事业上取得成就。相反，如果缺乏良好的性格品质，就会影响工作、学习和生活。

性格改造或者说优化性格的目的，就是克服性格缺陷，实现不良性格向优良性格的转化。要做到这种转化不是一件容易的事情，它需要一个长期努力的过程，以及恰当的改造方法。

那么如何来优化你的性格呢？青年时期是塑造和优化性格的关键期，可根据以下五个原则着手进行塑造和锻炼。

一、循序渐进原则

莎士比亚说：“金字塔是用一块块石头堆砌而成的。”优良性格的形成需要一个长期渐进的过程，不良性格的克服也需要长期不懈的努力。性格是一种相当稳定的个性特征，这种稳定性特点决定了性格的形成和转化只能是一个缓慢的渐进过程。无论是克服不良性格，还是塑造优良性格，都必须坚持循序渐进、从大处着眼小处做起的原则。

二、渐变转化原则

人的情绪是性格的特征指标之一，对性格的形成和转化具有诱导感染作用。比如，一个性格暴躁、个性很强的人，可以通过努力培养安定平静、从容不迫的情绪，使自己经常保持心平气和的心境，以促进暴躁性格的渐变转化。一个人如果能经常消除烦恼、愤怒、急躁等不良情绪，对克服急躁易怒的不良性格肯定是有好处的。正面的情绪鼓励愈经常持久，对良好性格的形成和培养也就愈有利。

三、以新代旧原则

一种不良性格形成后，要改变它，办法之一就是从改变习惯入手，用新的习惯克服和改变原有的性格弱点。比如，你向来好胜逞强，办任何事情都不甘示弱，因而经常使自己惴惴不安、精神紧张。为此，你就要放弃做一个“强人”“超人”的愿望，中止以眼前胜败来衡量成绩的习惯，培养从大处着眼、从长处看问题的习惯。

四、积累性原则

一个人的性格，一般都可以表现为临时性和稳定性两种不同状态。稳定性状态始终存在于个人的性格特征之中，而临时性状态仅存在于某一特定的环境和过程之中，一旦环境和条件发生变化，它便不复存在。比如勇敢，在有些人身上即表现为一种稳定性性格，不论什么情况，他都是勇敢的；而在有些人身上则仅为一种临时性状态，即他只是在某地某时某事上才表现出勇敢。当然，临时性状态是不稳定的，一旦环境条件发生变化，它就会消失。这并不是说临时性状态和稳定性状态是互不相容、不能转化的。如果我们有意识地把临时性状态培养为稳定性状态，那么，就能达到优化性格的目的。

五、自我修养原则

性格优化的过程，从根本上讲，就是一个人自我修养水平不断提高和强化的过程。两者相辅相成，密切相关。为此，必须有坚强的意志，进行持久不懈的自我修养。

八大方法，扬长避短完善性格

性格固然难以改变，但可以优化改善。优化性格既有原则可遵循，也有方法可参考。

一、改正认知偏差

由于受不良环境的影响，或受存在不良性格的人的教育和影响，使人产生错误的认知，如认为这个世界上坏人多、好人少；同人打交道，要防人三分；疑心重；以小人之心度君子之腹，等等，这样的人一般心胸狭隘、嫉妒心强、疑心重、古怪、冷漠、缺乏责任感。

因此，要想改变这些，必须改变自己不正确的认知，可多参加有意义的集体活动，去充分体验感受生活，多看些进步的书籍和伟人、哲人传记，看看他们的成功史和为人处世之道，这对自己性格的改变都会有所帮助。

二、不要总用阴暗的眼光去看待别人

上过当或受过挫折的人，对人总存在一种提防心理，对人总是往坏处想，这种人疑心重、心胸狭隘，办事优柔寡断。世界上既然有好事，就必然会有不如意的事；既然有好人，就有一些害群之马，但好人还是多数。因此，我们要正确地看待别人，看待我们共同生活的社会。

三、试着去帮助别人，从中体验乐趣

不良性格的人，往往以自我为中心，他们对人冷漠，一般不愿与人交往，生活在自我的小天地里。要想改变这样的性格，平常可以主动去帮助别人，因为人人都需要关怀，你去帮助别人，别人也会主动来帮助你。同时，在这种帮助中能体现自身的价值，心情改善了，对人的看法和态度也会随之改变，从而有利于性格的改善。

四、有意识地进行自我锻炼，自我改造

人是一个自我调节的系统，一切客观的环境因素都要通过主观的自我调节起作用，每个人都在不同程度上以不同的速度和方式塑造着自我，包括塑造自己的性格。随着一个人认识能力的发展和相对成熟，随着一个人独立性和自主性的发展，其性格的发展也从被动的外部控制逐渐向自我控制转化。如果每一个人都意识到这一变化，促进这一变化，自觉地确立性格锻炼的目标，从而进行自我锻炼，就能使其对现实的态度、意志、情绪、理智等性格特征不断完善。

五、培养健康情绪，保持乐观的心境

一个人偶尔心情不好，不至于影响性格，若长期心情不好，对性格就有影响了。如常年累月爱生气，为一点儿小事而激动的人，就容易形成暴躁、易怒、神经过敏、冲动、沮丧等特征，这是一种异常情绪性的性格。因此，要乐观地生活，要胸怀开朗，始终保持愉快的生活体验。遇到挫折和失败时，要从好的方面去想，“塞翁失马，焉知非福”？想得开，烦恼就会自然消失。有时，心里实在苦恼，可以找一个信任的长者或知心朋友交谈或去看心理医生，不要让苦闷积压在心里，否则，容易导致性格的畸形发展。

六、乐于交际，与人和谐相处

兴趣广、爱交际的人会学到许多知识，训练出多种才能，有益于性格的形成和发展。但是，与品德不良的人交往，也会沾染不良的习气。因此，要正确识别和评价周围的人和事，不要与坏人混在一起，更不要加入不健康的小团体中。人与人之间要互敬、互爱、互谅、互让，善意地评价人，热情地帮助人，克己奉公，助人为乐，努力搞好人与人之间的关系，长此以往，性格就能得到和谐发展。

七、提高文化水平，加强道德修养，改造不良的性格

有的人已经形成了某种不良的性格特征，例如懒惰、孤僻、自卑、胆小等，要下决心进行“改型”。人的性格虽有一定的稳定性，但它又是可变的，只要自己下决心去改，是能产生明显效果的，懒汉可以成为勤奋者，悲观失望的人也可以成为生机勃勃的人。方法一是提高文化水平，二是加强道德修养。因为人性格的形成是受其文化水平和道德水平影响的。有文化、有道德的人，就会理智思考，就能以正确的态度去对待现实生活，这就有助于形成良好的性格特征。

八、取人之长，补己之短

“人海茫茫，风格各异”“金无足赤，人无完人”。每个人的性格特征中都有优缺点，要善于正确地自我评估，辩证地对待，好的使之进一步巩固，不足的努力改正，取人长，补己短，有则改之，无则加勉。久而久之，不良性格特征就能得到克服和消除，良好性格特征得到培养和发展。例如张飞先前十分鲁莽、冒失，自从在诸葛亮帐下听命后，学习诸葛亮为人谨慎的优点，在后来一系列的军事活动中就能看出张飞已具备机智、细心等性格特征了。因此，每一个人只要善于下功夫，有意识地培养，都可以把自己塑造成为一个性格完善和高尚的人。

战胜心障，培养坚强性格

可能很多人并不熟悉约拿，也不知道“约拿的失败”。约拿是《圣经》中的一个人物，上帝给他机会去成就自己和别人，可他却退缩了。心理软弱的障碍使他甘居人后，回避成功，丧失了可得的荣耀与光环。

每一个人都有成功的潜能，可并不是所有人都能够充分地开发这个潜能。心理障碍是阻碍我们走向成功的一大顽疾。

心理障碍包括意识障碍、情感障碍、意志障碍和性格障碍等。

由于人脑歪曲地反映了外在的现实世界，从而使人脑自身的认知能力发生歪曲或减弱，阻碍了人们对客观事物的正确认识，这种状况可称之为意识障碍。意识障碍包括自卑、自闭、厌倦、习惯型、志向模糊型、价值观念歪曲型等多种类型。

人们在确定目标、执行决定、实现目标的过程中起阻碍作用的各种不专注、不持久、自制性差等不正常的意志心理状态，即为意志障碍。意志障碍可分为“意志暗示性”心理障碍和“意志脆弱性”心理障碍。

情感障碍是指大家在自我成长和能力开发过程中，对客观事物所持态度方面的错误的内心体验。情感麻木是主要表现，其产生主要是由于长期遇到各种困难，受到各种打击，自己不能正确对待和加以克服，以至于对外界客观事物的内心反应门槛增高，心理态势内向封闭。发生情感障碍的人会丧失对外界交往的热情，放弃对成功事业的追求。

性格障碍是指人们在自我开发过程中表现出来的气质障碍，比如多血质的人缺乏毅力；抑郁质的人孤僻怪异、不善交际；黏液质的人优柔寡断、缺少魄力；胆汁质的人办事鲁莽、武断等。

有些人成就不大不在于智力不行，而在于没有克服自己心理上的障碍。只有不断地向自己挑战，下决心克服上述种种心理及性格缺陷，才能在各方面取得成功。

赶走性格障碍这只拦路虎

何谓性格障碍呢？性格障碍指不伴精神症状的性格适应缺陷，患者对环境有相当严重的、根深蒂固的、不能更改的、不适应的反应，在知觉与思维方面产生适应功能的缺损，或增进自觉的痛苦，其行为倾向组成对自己对社会都不被允许的、不得体的行为模式。

性格障碍患者，常常难以正确估价社会对自己的要求和自身应当采取的行为方式；难以对周围的环境做出恰当的反应；难以正确地处理复杂的人际关系，常常和周围的人甚至亲人发生冲突；工作缺乏责任感，经常玩忽职守，甚至超越社会的伦理、道德规范，做出违反法律或扰乱他人和危害社会的行为。

一般来说，如果一个人的性格与社会环境相适应，就被认为是正常的性格。然而少数人不能适应社会环境，待人接物、为人处世、情感反应和意志行为与世格格不入或不相协调，其性格偏离常态，即性格障碍。性格障碍也叫病态性格、变态性格、偏离性格、精神病性格等。严格意义上的性格障碍，是变态心理范围中一种介乎精神疾病及正常人之间的行为特征。

性格太内向？你需要来一点儿改变

不管是在工作中还是在生活里，或是在与人的交际中，过于内向的性格都不太适合。与同事交往，性格过于内向会遭人排斥，自己还落单，如果在生活中过于内向，则很难体会到一些集体的快乐，就算是在感情生活里，过于内向则不太会表达自己的情感，而很多时候，情感也是需要表白的。

内向不一定就不好，但太过内向了，就会妨碍自己和别人的交流，也不利于自身的成长和发展。如何改变太过内向的性格呢？

一、首先对改善性格要有信心，相信性格是可以改变的

常有人说，江山难改，禀性难移。这话不无道理，但也太过于绝对了。性格不是天生的，往往与环境、家庭以及所受教育有很大的关系，是可以熏染和培养的。如果换一个良好的成长环境，与素质比较高的人在一起，有利于形成良好的性格。

二、改变过去过于刻板、单调的生活方式

积极主动地广泛结交朋友，尤其是要多接触那些心胸开阔、性格开朗的人，注意选择阳光的人做朋友。这样会起到潜移默化的作用，自己也会渐渐产生变化，变得开朗起来。改变自己的处世态度和行为方式，戒除自己的傲慢和偏见，尽量不要给别人孤芳自赏、自命清高的印象。学会尊重别人，要认识到人和人只是选择的不同，你不一定就比别人高尚。如果你总是以自己比别人强的态度与人交往，只会处处碰壁、遭人冷遇、被人无情拒绝。

三、学会表达自己思想情感的方式

遇到不顺心的事情，不要郁郁寡欢，把自己的心封闭起来。在交往中，如果你气色不好，沉默寡言，对人爱答不理，别人就不愿意接近你。你这样子，别人很难了解你，也常常会误解你，更不愿冒打扰的危险，惹人厌恶。

四、学会与人相处

在交往中，要善于观察别人的兴趣爱好和行为特点。要了解对方感兴趣的是什么，不喜欢什么。把握了这些情况，你在和人交往时就能投其所好，别人也觉得你很容易接近，自然就容易成为朋友。

五、培养广泛的兴趣

兴趣广泛，你结识的朋友就更多，交往起来就有很多的共同话题，就会把具有共同兴趣的人连接起来。拥有广泛的兴趣，你就会把自己的身心都倾注于爱好的活动之中，这样可减轻对自我的过分关注，使自己热爱外面的精彩世界。

重塑性格，一切掌握在自己手中

很多人把性格上的弱点当成自己不能成功、使自己欣慰的借口，拒绝跳出自己编织的网，也就永远走不出失败的沼泽。要知道，每个人都能成功，都能快乐和幸福，但是必须学会接受自己，要注意不要把自我想象的性格缺陷当成真的缺陷。多数有自卑性格的人总是把注意力放到自己身上，喜欢放大缺点，习惯于把自己放到别人的脚下。

根据心理学的理论，一个人的性格很难改变。我们可以认识自己的性格特征，并在必要时对其做一定程度的修正，但人的基本性格可能取决于基因中某些固有的因素，就像我们眼睛的颜色一样是难以改变的。

性格虽然具有先天性和不可改变性，但是它仍然离不开后天的塑造。苦其心志，劳其筋骨，是自古英雄出磨难；生于忧患，死于安乐，是智者与愚者的不同归宿。塑造性格的主动权，不在命运的手中，正在我们的心中。把握了性格，也就把握了自己；改变性格，才能改变命运。

严格要求自己，时时反省自己，正视自己的性格缺点，学会将普遍意义上的缺点变成优点，加上自己的努力和智慧，成功就在你眼前。正视自我，重塑性格，挑战人生，一切掌握在你自己手中。

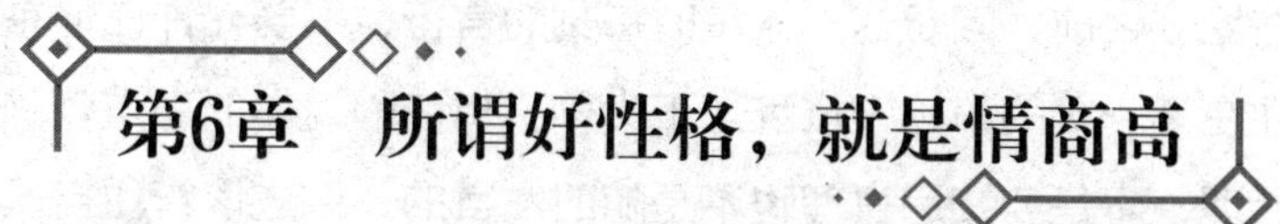

第6章　所谓好性格，就是情商高

问问自己：我想成功吗

发挥性格优势、走向成功之前，不妨先来想一想下面的问题，会大有裨益。

（1）如果你有一些不良性格，是听之任之，还是想办法克服它？

（2）不良性格对人有什么影响？

（3）为什么说心胸狭隘的人既容易失败，又与创富无缘？你的胸怀怎么样呢？

（4）请你设计一个豁达乐观、心胸宽广的自我，并用详细的语言描述出来。

（5）你是否认为只有外向性格的人才能搞好人际关系？

（6）如果你性格内向，你是否非常讨厌它？

（7）性格外向与成功是否有必然的关系？谈谈你的看法。

（8）通过此单元的训练，你感受最深的是什么？

（9）找出自己性格最欠缺的方面，然后再找出弥补这些缺点的最佳方法。

（10）你是否具有吸引人的个性？如果没有，你最缺乏什么？

（11）为什么有些人总爱因一些小事而放不下心来？

每天反省一点点，性格改进一点点

如果你每天都找出所犯的错误和坏习惯，那么你身上最糟糕的缺点就会慢慢减少，这种自省后的睡眠将是多么惬意。

你应该常常问自己：

今天发现了什么弱点？

对抗了什么感情？

抵御了什么诱惑？

获得了什么美德？

晚上，在熄灯之前，回想这一天每时每刻的言行，不要允许任何东西逃过你的反省。也许你在某一次的争论中措辞过于尖刻，也许因为你的观点刺耳，所以不被接受。虽说有理，可是要知道真理也不是随时发言的。你应该管住自己的舌头，不与白痴争论。

你应该每晚反省一天的行为：

你是否曾顾影自怜？

你是否对每一个人和蔼可亲？

你是否对机会保持警觉？

你是否在每个问题中寻找好的一面？

你集中精力于目标了吗？

你以微笑面对愤怒和仇恨了吗？

你是否尝试走得更远一些？

明天的成就将超过今天的作为。改进永远来自检查与反省，每个人都应该一天比一天更明智。

驯服情绪，做命运的骑师

日出日落，月圆月缺，雁来雁去，花开花谢。自然万物都在循环往复变化中，你也不例外。情绪会时好时坏，由乐而悲，由悲而喜，由喜而忧，就好比花儿的变化。今天你要学会控制情绪，要记住这个千古的秘诀：弱者任思绪控制行为，强者让行为控制思绪。

沮丧时，你要引吭高歌。

悲伤时，你要开怀大笑。

悲痛时，你要更加振作。

恐惧时，你要勇往直前。

自卑时，你要换上新装。

穷困潦倒时，你要想象未来的富有。

力不从心时，你要回想过去的成功。

自轻自贱时，你要想想自己的目标。

纵情享乐时，你要记着挨饿的日子。

洋洋得意时，你要想想竞争的对手。

腰缠万贯时，你要想想食不果腹的人。

不可一世时，你要抬头仰望群星。

只有积极主动地控制情绪，才能掌握自己的命运。

修炼高情商，拥有好性格

管理自己的情绪，掌握自己的脾气，不但有益身心健康，还能使工作效能提高。心理学大师告诉我们，管理情绪，掌控脾气，首先要从提高自己的情商开始，主要包括化解愤怒、缓和性急、消除紧张、革除悲观、排遣厌倦五个领域。

一、如何化解愤怒

愤怒令我们失去理智、引发冲突，甚至做出错误决定。处理愤怒（冲突）的基本原则就是“stop→think→do”。你不妨使用纸笔，写下以下的问与答：我现在碰到了什么难题？我正在或正想做什么？这样做有益吗？我真正想要做的是什么？我该怎么做？

二、如何缓和性急

性急就是压力的表现，也是情绪不稳定的表征。性急的人容易使自己的健康受损，也会失去定力，失去理智。在生活中稍不如意都可以让我们心乱如麻，以致不屑与人交谈，或者对一般的生活情趣觉得难耐，或者对未完成的事局促难安；还有些人好争强斗胜，却输不起，易激怒。

消除性急的方法：给自己多一点儿时间，或割舍行程表中部分项目，或向自己低语（别急，安抚心里头那个毛躁的孩子！），或哼一首曲子，或休息。这些都有利于你让自己的心平静下来。

三、如何消除紧张

紧张来自忙碌和竞争。紧张时身体会出现异常反应：肌肉绷紧、手心发汗、血液化学平衡失调。因此要注意整体的身心作用：你的行动、思想、感受、身体反应在交互作用影响，使紧张扩散至你的身心和情绪表现。紧张时，可以通过这样的方法改善自己的心理：净化法——静坐；运动法——松弛技术。

四、如何革除悲观

事实上我们的悲观是由不当的思考习惯造成的。碰到挫折，能区别思考的人表现乐观，不能区别思考的人则表现悲观。

面对挫折时，乐观者认为那是暂时的、特定的、外在的原因；而悲观者则认为那是永久的、一般的、内在的原因。面对顺境时，乐观者与悲观者的思考模式正好相反。乐观者如有隔仓的船，悲观者如没有隔仓的船，容易在受挫时不停地进水而沉没。

要时时在心里提醒自己，要乐观一点儿看问题，凡事都有积极的一面，要找到事物中对你有益或者有所启发的东西。

五、如何排遣厌倦

长期承受压力会使人产生厌倦。可以通过改变环境，改变观念，从而保持好心情。空虚也可使人产生厌倦。应该拟订新目标，或从现有事物中看出新的意义，跟积极的朋友交往，保持温暖的人际关系。

快乐没有条件，养成快乐的习惯

快乐不是用钱买得到的，也不是勤劳得到的报酬。快乐只是我们思想愉悦时候的一种心理状态。不管相貌、出身、财富如何，只要能保持健康的心态，就能得到快乐。如果非要等到有“值得”愉悦的事情时才快乐，很可能永远也得不到快乐。快乐不是美德的报酬，它本身就是一种美德；我们不会因为抑制欲望而感到快乐，相反的，我们是因为快乐而能克服欲望。

很多人不敢放手去追求快乐，因为他们觉得那是“自私的”“罪恶的”。无私确实能带给我们快乐，因为它不仅让我们的心思远离了以自我为中心、犯错、罪恶与自傲；同时还能使我们完成帮助别人的善举。人类最愉悦的思想是被人需要的感觉，是助人得到的快乐。然而，如果认为快乐是道德问题，把它当成是因无私而得到的报酬时，我们往往会因为缺乏快乐而感到罪恶。

任何的道德，都是源自快乐而非不快乐。有什么东西比憔悴、忧郁的心情更没有价值？有什么东西比用不快乐的态度伤害他人更甚？有什么东西比用不快乐的心情解决问题更加无助？

不快乐的人最普遍的原因是他们认为某个目标的实现会给他们带来永久的快乐。目前他们不是在生活，也不是在享受人生，他们是在等待未来的某些事情。他们以为结婚以后，找到好工作以后，买下房子以后，孩子们完成大学教育以后，某项事业成功之后，赢得胜利之后，他们将会更快乐，但事实却令他们失望了。不要指望着把所有问题都解决后就能获得快乐。一个问题解决了，另外一个问题又会接踵而至，生活原本就是由一连串的问题组成的。如果要快乐，现在必须快乐起来，不要“有条件”地快乐。

快乐纯粹是内发的，它的产生不是由于事物，而是由于不受环境拘束的个人举止所产生的观念、思想与态度。除了圣人之外，没有人能随时感到快乐。作家萧伯纳曾说道：“如果我们感到可怜，很可能会一直感到可怜。”对于烦恼、小挫折，我们很可能习惯性地出现暴躁、不满、懊悔与不安，这样的反应已经成了我们的一种习惯。这种不快反应的产生，大部分是由于我们把它解释为“对自尊的打击”等原因。司机没有必要地冲着我们按喇叭，我们讲话时某位人士没注意听甚至插嘴打断我们，认为某人会帮助我们而事实竟不然，我们要搭的公共汽车竟然迟开，我们计划要郊游，结果下起雨来，我们急着搭飞机，结果交通阻塞。我们的反应是生气、懊悔、自怜，或换句话说——郁郁寡欢。

让外在的事情任意支配你的感觉与反应，你就会成为生活的奴隶，每当事情或环境发给你的信号是“恼怒”“不舒服”“感觉不快乐”时，你就会迅速地听从命令。为什么要让别人的行动左右你的情绪呢？

养成快乐的习惯，你就可以成为情绪的主人而不是奴隶，快乐的习惯可使一个人不受外在情况的支配。

遇到悲哀的情景与逆境，只要我们不在不幸事件之上再加入自怜、懊悔与不良的情绪，纵使我们不会感到完全快乐，也能感到一些快乐。

非凡的胆量，辉煌的命运

人人都渴望获得成功，每个人都在探求成功的秘密。其实，成功的秘诀非常简单，就像《天地一沙鸥》里老海鸥所说的那样：“伟大的成功秘诀，首先就在于去掉自以为是被封在只有有限能力的躯体内的可怜想法。”越是自认为低能的人，不管自己真正的素质怎么样，都要慢慢变成真正的低能儿、一事无成的失败者。要想获得成就，就必须先敢想。也就是说，思想意识和心态制约着人们的行为。

库尔特·理克是约翰·霍普金斯大学的一名博士，他曾经做过一个实验，有两只小老鼠，把其中一只用适当的力气攥在手里，使它用尽力气也逃不出去。挣扎一段时间之后，这只老鼠不再抵抗，乖乖地待在手心里。过一会儿将它放进水里，它很快就沉下水底溺死了，根本就没有逃生的意识；而将另一只老鼠直接放进水里，它会很快游到安全的地方。

可以得出结论：第一只老鼠在遭遇一次失败后便再也没有了抗争的意识或想法，任由摆布，死亡是必然的。另外一只老鼠的抗争意识还不曾泯灭，所以它成功了。有人曾对许多成功人士，包括奥运会金牌得主、企业大亨、政界大腕、影视明星等，甚至还有走向太空的人，进行多年的调查研究，最终得出结论：成功的关键是要有成功的胆量，敢想是成功的第一步。研究者还指出，在成功者和其他人之间有一条明显的界线，不妨称其为成功的边缘。这个边缘不是特殊环境或是智商差异的结果，也并非教育优劣或天赋有无的产物，更不是靠什么天时地利来成就。跨越边缘的关键是敢想敢做的态度。

自己瞧不起自己，觉得自己能力不行，运气不佳，没有走向成功的胆量和意识，不但会失去开发自己潜能的欲望，还会抵消自己的精力，降低适应环境的能力，成功的光环也永远不会笼罩在你的头上。

宝石不磨不发光，性格不磨不坚韧

你或许曾经傻傻地站在路边，看着成功的人昂首阔步，心里生出许多渴慕。你不止一遍地想过，这些人是否具备一些我所没有的天赋，比如独特的技能、罕见的才智、无畏的勇气、持久的抱负等。不，上帝从不偏心，我们是用同样的黏土捏成的。

你要知道，并非只有你的生活才充满悲伤与挫折。即使最聪明、最成功的人也会遭受一连串的打击与失败。这些人和你的不同之处仅仅在于，他们深深知道，没有纷乱就没有平静，没有紧张就没有轻松，没有悲伤就没有欢乐，没有奋斗就没有胜利，生存是要付出代价的。

或许起初你还是心甘情愿，毫不迟疑地付出这种代价，但是接二连三的失望与打击，像滴水穿石一样，侵蚀着你的信心，摧毁了你的勇气。但是，你要把这所有的一切都置之度外。你要明白，耐心与时间甚至比力量与激情更重要，年复一年的挫折终将迎来收获的季节。所有已经完成的或者将要进行的，都少不了那孜孜不倦、锲而不舍、坚忍不拔的拼搏过程。这种过程是一点一滴的积累，步步为营的拓展，循序渐进的成功。

太阳并非时刻普照着大地，葡萄成熟之前也有青涩的时候。一个人，从出生到死亡，始终离不开受苦。宝石不经磨砺就不能发光，没有磨炼，你也不会完美。在以后的日子里，无论尝试多少次，无论在选定的事业中多么坚忍不拔，表现出色，无论还将付出多么大的代价，挫折与失败都会日复一日、年复一年地如影随形。

我们每个人，即使是最刚毅最具有英雄气概的人，一生中的大部分时间都是在失败的恐惧中度过的。在每一次的困境中，一定要寻找成功的萌芽。逆境是一所最好的学校，每一次失败，每一次打击，每一次损失，都孕育着成功的萌芽。这一切都教会你在下一次的表现中更为出色。无论何时，当你被可怕的失败击倒，在第一次的阵痛过去后，就要想方设法将苦难变成好事。伟大的机遇就在这一刻闪现……这枯涩的根必将迎来满园芬芳。记住，当你的灵魂受到煎熬的时候，也是你生命中最多选择与机会的时刻。

把苦难当作成长的机会

沃克林是一个农民的儿子。他从小家境贫寒，但聪明好学，上学时常受老师的表扬。老师常对沃克林这么说："努力吧，孩子，总有一天，你会像教区委员一样尊贵。"一位乡村药剂师欣赏沃克林强壮的胳膊，答应给他提供一份捣碎药片的工作，但这位药剂师不允许他勤工俭学，热爱学习的沃克林毅然放弃了这份差使，背上书包离开家乡去了巴黎。在巴黎，他想找一份药剂师侍童的工作，结果没有找到，后来疲劳和贫困折磨得他病倒在街头。正当他断定自己必死无疑时，一位过路的好心人把他送到了医院里。康复后，他继续去找工作。皇天不负有心人，他终于找到了一份工作。后来，著名化学家福克罗伊听说了沃克林的事迹，非常喜欢这个勤奋好学的小伙子，就把他带在身边，成为自己的得力助手。多年以后，福克罗伊去世，沃克林作为化学教授继承了他的事业。他衣锦还乡回到了阔别多年的家乡。

莎士比亚说："与其责难机遇，不如责难自己。"这就是人生的基本课程。只要仔细回顾一下身边的大量实例，就会发现人的素质在改变命运时所起的作用。

大学毕业时老教授问了学生这样一个问题："当狂风暴雨来临，泥石流滚滚而下的时候，你正好站在一座大山脚下，这时你是向风雨猛烈的山顶跑，还是迅速向平坦的洼地撤退？"

"当然是向平坦的洼地撤退了。"学生们不假思索地回答。

"错。"老教授平静地说。

如果向平坦的地方跑，跑得再快也不可能快过山洪暴发引起的那一泻千里的泥沙石块，这些泥沙石块随时都有可能将你悄无声息地埋没。

如果继续向山顶攀登，向上跋涉，虽然缓慢，但至少山顶是没有泥石流的，这样你就少了一分危险，你等于是在为自己创造一个安全的环境，是在一步步地向生的希望迈进！

教授想教给学生的哲理是，不论在什么情况下，不管是什么样的困境，都要迈向风雨。有时看起来比较难的方法往往是成功的捷径。

我们生活在竞争如此激烈的社会中，每个人都想要功成名就、出人头地。但是，多少成功和失败的经验教训证明，在通向人生巅峰的道路上，始终要战胜的不是别人，而是自己。那个经常使我们受伤的强大的敌人，深深地隐藏在我们自己的心中。

所以，在不断地奋斗与拼搏中，只有首先培养第一流的心理素质，才能战胜灵魂深处所有的弱点，始终立于不败之地。

巴尔扎克说：“挫折和不幸，是天才的进身之阶，信徒的洗礼之水，能人的无价之宝，弱者的无底深渊。”

最大的失败莫过于害怕失败。如果我们能战胜这一担忧，必将迎来幸福的人生。

命由我造：自我激励的21则座右铭

1. 成功的人做别人不愿做的事，做别人不敢做的事，做别人做不到的事。
2. 私底下的每一分努力都会在公众面前表现出来。
3. 不是不可能，只是还没有找到方法。
4. 没有失败，只有暂时未成功。
5. 我是最棒的，我一定会成功。
6. 过去不等于未来。
7. 成功是因为态度。
8. 人人都能成功。
9. 我要我就能。
10. 有志者事竟成。
11. 人不疯不成功。
12. 我是一切的根源。
13. 成功=知识＋人脉。
14. 每天进步一点点。
15. 一室不扫何以扫天地。
16. 成功一定有方法，失败一定有原因。
17. 成功的人找方法，失败的人找借口。
18. 成功跟借口是不会在同一个屋檐下的。

19. 没有得到我想要的，我即将得到更好的。

20. 并非神仙才能烧瓷器，有志的人可学精手艺。

21. 要成功就没有借口，要借口就不可能会成功。

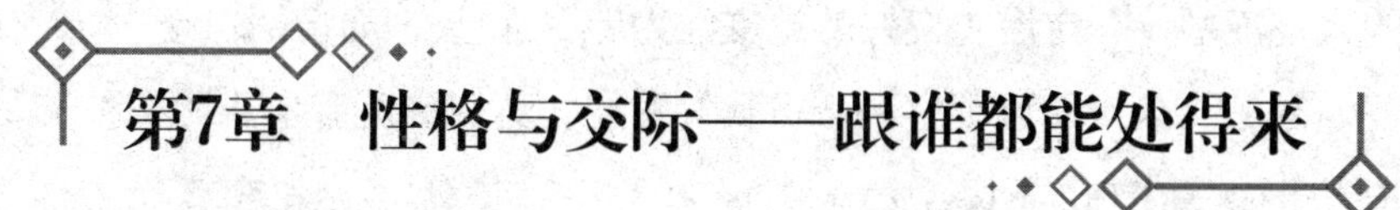

第7章　性格与交际——跟谁都能处得来

影响人际交往的因素

人际关系系统由多种成分组成，其中最主要的影响因素是：

一、相互认同

相互了解，要做到这点非常不易。人与人之间心理距离的远近，往往随着彼此相互认同的变化而变化。因此，应当从自身做起，克服“以偏概全”“固执己见”“自命清高”等错误观念，全面客观地认识事物，了解彼此的权利和责任，正视差异，设法沟通。

二、情感相容

凡是能驱使人们接近、合作、联系的情感称为结合性情感。结合性情感越多，彼此之间越相容。当别人做出一点成绩而兴高采烈时，感情相容的人也会由衷地为朋友的成绩而高兴。

三、行为近似

言谈举止、交往动作、角色地位、仪表风度等人际行为模式越相应近似，越易产生和谐的人际关系。

这些人际交往的不良性格，你知道吗

老师给学生们讲心理辅导课时，提得最多的问题是如何处理好人际关系，例如，“和不同性格的人交往应该注意什么？”“怎样才能融入群体，不得罪人？”“时常感到孤独，如何改善人际关系？”这些问题既反映了即将踏入社会的青年人希望有一个良好的人际关系的纯朴愿望，同时也暴露出他们对人际交往过高的期望与实际的交际能力之间存在着强烈的反差。

开朗、爱说爱笑的人就一定能有良好的人际关系吗？那些工作勤恳，不善于表达自我的人是不是就一定没有良好的社交能力呢？在社交场所中影响一个人交际能力的关键因素是什么？通过观察和分析我们发现，真正影响我们人际交往的是以下一些存在于各种性格中的不良因素。

一、以自我为中心

一切都要服从自己的意志，只关心个人的需要，强调自己的感受。任何场合都把自己作为中心，高兴时海阔天空、手舞足蹈讲个痛快，不高兴时则不分场合地乱发脾气，全然不顾及别人的情绪和感受。这样的性格缺陷是不可能让人喜欢的，这样的人也一定不会有良好的人际关系。

二、狭隘嫉妒，不能容忍别人比自己强

嫉妒是对别人的成就感到不快的一种心理感受。不管你承认不承认，每个人或多或少都存在这样的心理。不同的是有的人因嫉妒而积极进取，鞭策自己迎头赶上；而有的人却因为嫉妒，对自己消极悲观，失落逃避，对别人则是忌恨仇视，诋毁中伤。这就是狭隘的嫉妒心理。正如黑格尔所说：“有嫉妒心的人自己不能完成伟大事业，便尽量去低估他人的伟大，贬低他人的伟大使之与他本人相齐。”这样的人只能让别人讨厌，敬而远之。两个同时到一个公司上班的姑娘，一个性格温和，长相普通；另外一个漂亮迷人，热情活泼。刚开始时，大家的目光都围着漂亮的姑娘转，好像忘了还有另外一个。但漂亮的姑娘心胸狭隘，从不为别人的成就祝贺，反而出言不逊，在她眼里，别人的成就都是运气而已；而性格温和的姑娘，总是在别人困难的时候，无私地给予帮助，在别人成功时，又送上自己的祝福。这样时间一长，周围的人当然愿意与这个温和的姑娘亲近，不愿与漂亮的姑娘交朋友。不懂得尊重别人成就的人，其实也不值得别人的尊重。

三、敏感多疑

一个敏感多疑的人在人际交往中总是“以己之心，度他人之腹”，常常会因为自己有某种不好的想法而认定他人也有同样的想法。他们总是先在主观上设定他人对自己不满，然后在生活中寻找证据，把无中生有的事实强加于人，甚至把别人的善意曲解为恶意。

四、过分自卑

适当的谦卑，给人以谦虚的感觉，有其积极的一面，但过分的自卑不仅有损于自信，还给人以虚伪的印象。自卑者常常感到自己不如别人，总是担心别人看不起自己。实际上首先是他们自己看不起自己，瞧不起自己的性格，瞧不起自己的家庭。

五、干扰他人

像需要一个生活空间一样，我们也需要有一个不受侵犯的个人心理空间。再亲密的朋友，也有个人的内心隐秘，有一个不愿向他人坦露的内心世界。有的人在相处中，偏偏喜欢询问、打听、传播他人的私事。这种人热衷于探听别人的隐私，并不一定有什么实际目的，仅仅是为了满足自己低层次的心理需求而已，但在客观上干扰了别人的生活。

六、胆小羞怯

胆小羞怯是绝大多数人都或多或少存在的一种心理。这种心理使人在交际场所或大庭广众之下，羞于启齿或害怕见人，说话结结巴巴，行动手足无措。一般的人际交往并不需要多少技能，胆小害羞者总是以为自己的人际交往能力很差，但实际情况并非如此，他们完全知道应该怎样与人交往，只是缺乏实际的人际交往锻炼，只要他们不逃避，勇于实践就一定能克服胆小害羞的心理。

另一方面，那些胆小害羞者常常过分严重地看待自己的弱点，过分追求完美和过分自卑是他们的基本心理特征。

七、敌视和仇恨

敌视和仇恨是交际中比较严重的有害因素。这种人总是以仇视的目光对待别人。这种心理或许来自童年时期的家庭环境，由于受到虐待从而使他产生“别人仇视我，我仇视一切人”的心理。对不如自己的人以不宽容表示敌视，对比自己厉害的人用敢怒不敢言的方式表示敌视，对处境与己类似的人则用攻击、中伤的方式表示敌视，使周围的人随时有遭受其伤害的危险，不愿与之往来。

敌视和仇恨是一把双刃剑，它使自己受的伤害比别人要大得多。

八、斤斤计较，过于吝啬

这种人过于刻板认真，精于算计，害怕吃亏。有时他们主观上并不想占别人的便宜，但客观上他们的记忆好像具有选择性，总是把自己对别人的好处牢牢记在心里，而把别人对自己的帮助置于脑后，但决不允许别人占他们的便宜。这样的人给人的印象是自私、吝啬，难以深交。

九、情绪不稳，缺乏自控

每个人都会遇到一些不顺心的事，大多数人都能比较好地控制自己的情绪，不会有太大的波动。但有的人情绪波动很大，缺乏自控能力，刚才还是晴空万里，一会儿就阴云密布，说翻脸，就翻脸，并且一发脾气就失去理智，恶语伤人，甚至打人毁物。这样的人很能与别人建立稳定的人际关系。

十、喜欢抱怨，不负责任

这种人总以为自己比别人聪明，成天抱怨别人这没做好，那没做好，喜欢扮演事后诸葛亮的角色。对什么事都喜欢指手画脚，但从来不愿意负责任。如果别人把事情做好了，他就会出来自我吹嘘一番；要是别人按他的主意把事情做坏了，他们就赶紧逃跑，溜之大吉。这种人很能与人交往，但很难赢得别人的尊重。

十一、谎话连篇，缺乏诚信

谎言是人际交往之大忌，缺乏诚信的人永远不会有知心朋友。诚信既是一个道德问题，也是一个心理问题。俗话说，一句谎言需要十句谎言来掩饰。谎话说得越多，需要掩饰的东西也越多，心理压力也越大。

与西方强调个性发展的文化相比，我们的文化更加注重集体的利益，人际关系问题显得尤为重要。因此有些人热衷于学习所谓的社交技巧，以为只要掌握足够多的技巧，就可以不得罪任何人。其实，在现实生活中要想建立起良好的人际关系，真诚、宽容和友爱比所有的社交技巧都重要得多，这是最高境界的社交技巧。

你是一个受人欢迎的人吗

有谁不希望让人喜欢呢？可是，让人喜欢好像并不是那么容易。你每天所接触的人，老板、同事、客户、家人、朋友，人人都喜欢你吗？恐怕未必吧！就连自己心爱的人，男女朋友、丈夫妻子，有时我们也不免怀疑，他们是不是真的喜欢自己。

“喜欢”是一种微妙的感觉。它和爱情一样，往往没办法用言语表达出来，只能凭心灵去体会。即使是相爱中的人，要说出“我爱你”也不是件容易的事。同样的道理，一般人很少会对别人说“我喜欢你”。

因此，是不是受人喜欢就变成一种直觉。你是不是受人喜欢，只有你自己才能体会得到，没有人会鲁莽地告诉你他们心中真正的感受。奇妙的是，我们心中总是清清楚楚地知道，谁是受欢迎的人物。更遗憾的是，这个人往往不是自己。仔细想想，人们喜欢的对象，多半具备相同的特质。不论在什么场合，总是某些类型的人特别讨人喜欢。我们会说：“他在任何地方，都能谈笑风生。”“别人总是喜欢围在他的身边。”“只要他一出现，气氛就愉快多了。”

这些备受欢迎的人，多半都具备几个特点。

第一是亲切。

爱摆架子的人，人人看见都会敬而远之。能够随时随地放下身份地位，和其他人愉快相处，这样的人才让人由衷喜爱。不论是大官、大老板、大人物、大明星，乐于接近周围的人，随时保持快活的心情，愿意说些家常话，这种和自己家人一样的亲切态度，往往使人乐于接近，而且发自真心地被吸引。

第二是开朗。

每天开开心心的人，谁见了都会喜欢。脸上带着笑容，与他见面也会觉得自己的心情变好了。这种乐观态度不自觉地就会感染到身边的人，大家不由自主地会想接近他。

第三是热心。

在团体中热心的人，总会得到别人的尊敬。很多人为了一些小事，怕麻烦，只会一味地推托，总觉得为什么是我来做，总是怕吃亏，这样的人是不易受欢迎的。热心的人，在大家正需要帮忙时，会挺身而出；有时会不计较得失来造福大众。这样的人，我们往往会被他的行为所感动而敬重他。

第四是幽默。

会说笑逗大家开心的人，去哪儿都占上风。人人都喜爱开心果，谁爱愁眉苦脸呢？或许他们背后有满腹苦水，但面对大家时还是把欢笑带出来，谁能不爱他们呢？

第五是好看。

丑陋的人里面，也有讨人喜欢的，不过生得好看，到处都占一点儿便宜。这是不可否认的事实。诗人说："美是永恒的喜悦。"喜欢美好的事物，本来是人的天性。美丽的人，到处被人簇拥着，也是这种天性的反映。外表、打扮、穿着能让人觉得赏心悦目，这也是吸引人的重要条件。

另外两个很重要的条件就是"人缘"与"亲和力"。总是会有一些人生来就带有一种特质，人缘就是特别好。大家提到他时就会有不一样的反应。所以如果你拥有一身好的条件，但人缘不好的话，还是失败的。名人如果没有亲和力，只会摆架子，虽然地位高或者知名度高，仍然不算成功的。

上述特质，都是受欢迎的人的特质，你做到了哪些呢？多多观察周围拥有这些特质的人，遇到困难时，想想这样的人会怎么处理，相信你也会变成一个很受人欢迎的人喔！

把握原则，人际交往左右逢源

每个人都渴望拥有一个美好的人际关系世界，建立良好的人际氛围，获得更多的朋友，并与他们永远保持真挚的友谊。然而，人与人之间的关系纷繁复杂，不是每个人都能实现自己的愿望。心理学家认为，交往中只要能够遵循一些原则，就可以更好地赢得朋友，保持友好的联系，避免人际交往的失败与不幸。

一、交互原则

人之所以不同于动物，就在于人有着错综复杂但不可或缺的社会关系。在日常生活中，人们普遍地存在着一种寻求自我价值感与情绪安全感的倾向，希望别人承认自己的价值，并表现出支持、接纳和喜欢。在别人承认的过程中，自己的价值得到了体现，但对自我的过分关注，往往忽略了对方的感觉和心情，这恰恰是我们遭遇人际交往困难和障碍的主要原因。社会心理学家通过大量的实验研究发现，只有建立在相互重视和相互支持基础上的人际关系，才是可靠和持久的。通常别人对我们的喜欢是有前提的，那就是他们感到自己也被我们所喜欢，并且承认他们的价值。同样，对于真心接纳、喜欢我们的人，我们也愿意与之交往并维持良好的关系。"爱人者，人恒爱之；敬人者，人恒敬之"。所以，在人际交往、人际关系的建立和保持中，必须首先遵循交互原则。主动地接近、热情地接纳，可以获得令人意想不到的“好人缘”。

二、开放原则

随着社会与时代的发展，人们的交往方式也应该顺应潮流，由封闭型向开放型转变，打破以往的定势与形成的刻板效应。俗话说：“士别三日，当刮目相看。”年轻人更要学会用发展的眼光来看人，不要依靠自己的好恶、经验和感受来评判是非，妄加取舍，影响正常的人际交往。此外，随着信息时代的到来，人们的交往不再受地域的限制，通过信件、电话、网络，人们可以自如地扩大交往范围，要树立开放的观念，抛弃“老眼光”和“画地为牢”的旧思维。

三、真诚原则

真诚是人与人之间顺利沟通的桥梁，只有以心换心，以诚相待，才能彼此理解和信任，结下深厚的友谊。如果“用得着朝前，用不着朝后”，对有利可图的朋友感情投资，对自己无用的旧朋友则弃之如敝帚；或抱着“投桃报李”的庸俗互酬心理，一旦对方没有给予期望中的回报，就翻脸不认人；或期望别人真诚对己，自己却不愿向对方袒露心扉，一味地遮遮掩掩、虚情假意、逢场作戏，那么就绝不可能获得真正的友谊。健康良好的人际交往须以真诚作为前提，真心帮助他人而不图回报，对不同观点直陈己见而不口是心非，对朋友的缺点、不足能当面委婉提出，而不背后讽刺攻击，切记只有真诚，才能得到知己。

四、宽容原则

学会宽容，会使人们明智地看待人际交往中的误解和冲突，保持健康心态。待人宽容，能够扩大人际交往的空间，有助于消除人际间的紧张关系。人们因其出身、经历和教育背景的不同，形成了千差万别的性格与行为。在人际交往中，你可能会遇到形形色色的人，只有尽量包容，正视差异，淡化矛盾，才能够游刃有余。宽容是心胸宽阔、坦荡、成熟的表现，古人云“仁者无敌”，宽容能使人性情和蔼，能化干戈为玉帛。如果事事斤斤计较，得理不饶人，只能使自己日益被周围人嫌弃、孤立。当然，宽容不是不讲原则，不辨是非，也不是软弱，而是一种理解与爱心的表现。

五、尊重原则

人们虽然在性格、能力、气质、个性倾向性方面不尽相同，并会因为社会分工不同而具有不同的身份和地位，但每个人在人格上都是平等的，并期望自己得到应有的尊重。所以，良好和成功的人际交往必须建立在尊重的基础上，只有尊重别人，才能够得到对方的信任与忠诚，缩短相互间的心理距离。正如荀子所言："与人善言，暖若锦帛；与人恶言，深于矛戟。"不懂得尊重别人，或无端损害他人的利益，或过分迁怒与指责对方，都只能导致人际关系日益紧张恶化，并可能引发冲突。除了尊重他人之外，还要尊重自己。过分的自大或自卑都不利于人际交往的成功。

活用技巧，人际交往如鱼得水

没有沟通，世界将成为一片荒凉的沙漠。置身在改革开放和市场经济的大潮中，每天都不可避免地与他人交往，每天都有可能遇到社交的难题。正如一位著名的心理学家所言：一个人成功的因素85％来自社交和处世。交往给人带来幸福和欢乐，当然也会带来痛苦与烦恼。在实际生活中，相当多的人由于不能和某些人和谐相处而苦恼，这些矛盾发生在上下级间、同事间、同学间、夫妻间、朋友间。有些人总在埋怨"别人不好"，殊不知人际关系的钥匙就在你自己手中。

一、以诚相交

要让别人喜欢自己，首先要对别人感兴趣。可以设想，对别人不感兴趣的人，谁会对你感兴趣呢？

二、学会"听话"

要与他人处好关系，耐心地倾听他人的讲话是十分必要的。一个13岁的荷兰移民小男孩，成了世界"第一等名人访问者"，原来他买了一套《美国名人传说大全》，并给这些名人写信，请他们谈谈自己成为名人的趣事，结果他收到了许多名人的信。他深深懂得"一些大人物喜欢善听者胜于善谈者"的道理。

三、学会说话

要善于表达自己的情感与想法，注意在不同场合讲话的分寸，不说不该说的话，在讲话中注意幽默感则能增加人际吸引，克服尴尬场面。在谈话中，注意谈起对方感兴趣的事情和最为珍视的东西，就不难与之接近了。

四、抛弃嫉妒心

嫉妒别人，实际上是企图剥夺别人已经得到的物质和精神的需要，这种心理极易引起别人的反感。同时要克服猜疑、苛求、孤独、自卑与自满等不良心理状态。

五、慎交友，交益友

并非人人都想交朋友，也并非人人都能成为你的朋友。要选择交友，在人际交往中，完善自我，寻找快乐，摆脱忧愁，有益于身心健康。

读懂性格，跟谁都能处得来

人际交往虽说存在一定的技巧，但最擅长交际的人都做不到“不得罪任何人”。很多人认为人际交往能力与性格有关，外向者善于交际，内向者不善交际。这样的说法虽然有欠周密，比如性格内向者也有许多好朋友，性格外向者没有知心朋友，这样的例子在现实生活中也不在少数。但性格的确是影响人际交往最关键的因素。通常情况下，性格外向的人比性格内向的人勇于交际，善解人意的人比霸道无理的人更容易交到朋友。

一、性格热忱的人：最佳伙伴

性格热忱的人不论从事哪种职业，只要充分发挥其性格，便能得到肯定与赞赏。这种性格的人最适合从事具有挑战性的职业，他们在工作中积极而又有效率，是典型先锋性格。富创意、喜爱看到事情的光明面是他们的优点，他们是活在掌声下的人，喜欢受他人肯定。这种人还体贴他人的难处、让他人在工作上更有冲劲，所以有着很好的人缘。不论是上司、同事还是朋友，一旦了解他们，都会被他们的热情所打动，愿意成为他们的朋友。但是性格热忱的人由于自主性过高、喜爱表现自己，容易和别人在合作上产生冲突，不利于建立良好的人际关系。这种类型的人，不论是在工作、学习和娱乐中，参与感、掌声与赞美都是他们不可或缺的原动力。

二、性格细腻的人：潜在竞争对手

性格细腻的人很重视团体合作，不喜欢抢风头，这是他们的优点。因此他们通常都有着很好的同事关系。在同事的眼中，他们是温和与善良的，不会耍计谋陷害人，因此同事都愿意与他们相处，并且很容易把他们当作自己的知心朋友。但有时他们那慢工出细活的行事作风，不免让性急的同事看不过去，但不会引起同事的厌恶。个性温和的他们常扮演着沉默的角色，没有太多意见及野心，任劳任怨的个性常得到上司的赏识，是潜在的竞争对手。温和的他们不是宰相肚里能撑船的人，细腻性格使得他们对伤害过自己的人往往不能原谅。这种性格的人，勤俭并很能为老板精打细算，深谙省钱之道。

三、性格活泼的人：博而不精

性格活泼的人重视整体人际关系，很快便能适应新环境并结交新朋友；办事很有效率，再加上聪明及危机处理的应变能力，所以很讨上司喜欢。这种类型的人天生好奇，对所有的人、事、物都抱有很大的兴趣，喜欢学习各种新东西，对于新上手的工作，也能很快掌握，在公司里扮演着通天角色。他们活泼的性格也使得他们经常是聚会和晚会上的灵魂人物，总能够吸引大家的注意。因此周围的同事或许会嫉妒而与他们疏远，但他们活泼、不记仇甚至黏人的性格又会使得别人不好意思与他们生气，自然他们的人缘也不差了。

四、性格谨慎的人：心思捉摸不定

性格谨慎的人对工作有高度的稳定性，善于察言观色、尽忠职守、生存力强、懂得上司与同事间的应变进退，并且善于营造和谐气氛，与同事合作性强，是容易相处的同事，也是易得到上司赞赏的忠诚下属。这种性格的人在人际交往中很受欢迎，因为他们既不爱出风头，又不会给人难堪，总是小心翼翼，让周围的人感觉没有杀伤力。他们说话总是头头是道，让你不由得不佩服他们的说服力。但是谨慎性格的人，不喜欢表露自己的真正情感，好像戴着一副假面具，会因捉摸不定而让人却步，虽然不会与人正面冲突，但是周围的人也不愿与他们有过多的交往，所以这种性格的人不容易交到知心朋友。

五、性格急躁的人：重量不重质

这种性格的人天生拥有乐观与幽默感，人际魅力光芒四射，加上要面子，常请大家吃饭，所以在交往中也是很吸引人的。与谨慎性格的人一样，他们也不容易交到知心好友。急躁性格的人通常都有着一种很强的气势，这让他们看起来具有领导者的风范特质。他们在工作中并非有野心的人，但与同事合作起来冲劲十足、很有效率，会主动分担别人的烦恼，主动学习别人的长处，所以很讨同事喜欢，有着良好的人际关系。

六、性格冷静的人：零缺点原则

性格冷静的人，做起事来一板一眼，小心翼翼，工作对他们而言是乐趣及成就感的来源，他们行事井然有序得令人佩服，但有时却又少了点儿变通的弹性，给人个性内向、拘谨的感觉。通常这种性格的人不懂得表达自己的个性，让人有不易相处的印象。加上要求又特别多，令人无所适从。

所以在周围的人看来，他们是严格和没有幽默感的，所以大家不愿与他们有过多的相处。其实一旦与他们深交，就会发现他们的内心十分单纯，而且也很善于交谈。这种性格的人交往中的最大障碍是不善于表达自我，不懂得让别人对自我有更多的了解。

七、性格好交际的人：公关人才

这种类型的人有极佳的公关手腕，所到之处能很快与人打成一片，主动是其人际关系的第一步，在诸多性格中可谓独占鳌头，更能博得上司的好印象与赏识。在社交场所中，这种人左右逢源，如鱼得水，通常都是焦点人物。但是他们喜欢节奏轻松、舒适的生活，害怕过度出卖劳动力的工作，故做事常常缺乏计划、想的比做得多，散漫、金钱观淡薄、上进心不强，又是“迟到一族”，这些均是造成他们晋升的绊脚石，也是让人不喜欢他们的理由。

八、性格沉稳的人：情报局干员

稳定、内敛、不多言是性格沉稳的人给人的第一印象，但他们有着对人、事、物敏锐的观察力，缄默时的他们正处于“打量评估期”，所以这种性格的人总能很清楚地对周围的情况做出准确的判断，在任何事情上，都像旁观者一样的冷静和客观。这样的性格使得他们对周围的人总能提供一些客观有效的建议，因此在他们身边，总是有一群追随者。他们对工作有着自发性的精神，并能承受很大的压力，挑战高难度且完全投入、做事积极、周到而又果断令上司极为赞赏。他们有着情报局干员的本能与精神，能轻易打探各方消息。这种性格的人在哪里都是很有能力的人，他们天生就让别人倾慕，所以他们的人际关系很广，并且很值得信赖。

九、性格浪漫的人：没耐心毅力

性格浪漫的人欠缺耐心，一成不变的工作内容可能会抹杀他们的创意细胞。生性爱热闹、热心、慷慨不计较金钱及随和的个性，使他们的人缘不错，感觉敏锐且洞察力强，常以开玩笑的方式说出对事情的见解，让人觉得平易近人、容易相处。做事勇于突破传统，有魄力，但一遇到挫折会很快打退堂鼓，缺乏恒心与毅力。

十、性格固执的人：永远不会错

性格固执的人是尽忠职守把分内工作做好的人。他们在专长与技术领域中不断求进步，没有一步登天的投机心理，持有“一分耕耘、一分收获”的态度。具有主见及领导能力，对事物有相当的野心，是标准的工作狂热分子，在诸多性格中，跃居“最负责任感”之冠，而坚忍不屈的毅力是其成功之处。可是他们优柔寡断、固执己见的缺点可在其知错不改、明知故犯中一览无余。这种性格的人很难接受别人的意见，除非别人比他们优秀。他们总是让周围的人很难堪，并且错了也不会道歉，因此他们的人际关系很糟糕，但他们的朋友都是真正理解和关心他们的挚友。

十一、性格脆弱的人：害怕失败

性格脆弱的人有着过人的智慧，工作上能有独创见解，能完整、高效益地分析与策划，对自己有高度的自信与优越感，却又高傲冷酷得令人讨厌，但是他们脆弱的性格常常能引发别人的同情心，反而人缘相当不错。冷静、理性、客观、执行力强是他们成功的关键，但却缺乏坚持的精神，一碰到挫折就会轻易放弃，最害怕别人看到自己的失败，在他们心中只有“我”才是最好的。

十二、性格机警的人：明哲保身

察言观色是这种人的优点，明哲保身是其处世态度，他们永远不会主动参与与自己利益有可能冲突的事情，在他们眼中，只有自己是最宝贵的。这样的人从来也不会得罪别人，每一个人他们都一味褒扬和鼓励，所以他们的人缘极好，别人对他们的评价也很高。但他们在工作上却缺乏积极主动的个性，散漫的天性偶尔需要压力的鞭策，但空间式的思考模式，很适合计划性的工作，他们思考周密，富有创意。

怎样与不同性格的领导相处

我们都知道，与上级沟通得好与坏，对于自己的工作环境、薪资待遇、职业前景等都有重大关系。与上级沟通、相处得好，你就会得到赏识、重用，工作起来就会充满乐趣，对未来则充满希望，事业的前景也是无限光明。反之，你的职场之路就会坎坷重重，前景黯淡无光。那么，如何与不同类型的领导相处呢？

一、与冷静的领导打交道，不可自作主张

头脑冷静的人说话不多，举止安顺；高兴时不会大笑，不会手舞足蹈；悲痛时不会大哭，不会逢人诉说；认为对的，不会拍手称许，不会热烈表示赞成，举止始终保持常态。

如果遇到冷静的领导，一切工作计划，只提供意见，不要自作主张，等到计划敲定后，你只要负责执行便好。至于执行的经过，必须有详细记载，即使是极细微的地方，也不要疏忽。这种一丝不苟的精神与详细记载的报告，正是他所喜欢的。但执行中所遇到的困难，你最好能自行解决，不必请示，事后再口头报告当时是如何应付的。但要注意的是，即使事后报告，也要避免夸张的口气，要以平静的口气，轻描淡写。

二、与懦弱的领导打交道，要当心他身边的实权人物

懦弱的人不会当领袖，即使当领袖，大权也必不在手中，自有能者代为指挥。必须看准代为指挥的人是什么性情，再图应对的方法。一个机构的重心，不是名位，而是权力。权力所在，才是重心所系。虽然说，名不正则言不顺，名位与重心，往往合而为一。然而，对懦弱的领导来说，名位是名位，重心是重心，绝不会合在一起。代为指挥的人如为正人君子，懦弱的领导还可保持着形式的尊严；如果代为指挥的人怀着野心，那是“挟天子以令诸侯”，政由己出，领导只是个傀儡而已。在这种处境下，不要轻举妄动，与代为指挥者为敌。否则，必遭失败。也不能与代为指挥者分离，否则必难有所发展。你要明白，他既取得代为指挥的地位，前后左右必是他的羽翼，有些是他特意安排的，有些则是中途依附的。这些人早已布成势力网。在这种情况下，除非他的野心暴露，导致人心思汉，你才能有所作为。

三、与热忱的领导打交道，采取不即不离的方式

如果遇到热情的领导，如他对你表示特别好感时，不要完全相信，他的热情并不会持久，要保持受宠不惊的常态，采取不即不离的方式。“不即”可使其热情上升的走势缓和，不致在短时间内便达到顶点，同时延长了彼此亲热的时间；“不离”可使其不感失望。“君子之交淡如水”，对于热情的领导，最好采用这种方法。如果你有所主张或建议，也要用零售方式，不要整批发售，如此才能使他对你时时都感到新鲜。对于他所提的办法，你认为对的，赶快去做，否则“夜长梦多”，过一阵他会反悔的；你认为不对的，不必当面争辩，只要口头接受，手中不

动，过一阵他自知不妥就不再提起了。

总之，对热情的领导，只能用急脉缓受的方法。万一他的情绪低落，你就安之若素，静待适当机会，再促其感情回升。他的感情好像时钟的摆，摆了过去，还会再摆回来。除非你们之间发生误会，彼此间多了一重障碍才不会再摆回来。

四、与豪爽的领导打交道，要突出自己的能力

如果你遇到的是豪爽的领导，那真是值得庆幸。只要善用你的能力，表现出过人的工作成绩，一旦时机成熟，就会有发展的机会。他自己长于才气，所以最爱有才气的人。唯英雄能识英雄，你是英雄，不怕他不赏识你；唯英雄能用英雄，你是英雄，也不怕他不提拔你。

当机会未到时，仍要愉快地工作，并做得又快又好，这表示了你游刃有余的能力。同时还要随处留心机会，一旦发现可以异军突起时，就要好好把握。切记所计划的一切要十分周详，然后相机提出，只要一经采用便可脱颖而出。意见被采用，表示你有眼力，若再委托你来执行，便足以说明你的能力已被肯定。有了好的开端，路子也已经摸准，只要一步一步地走上去，迟早会出人头地，不必操之过急。

五、与傲慢的领导打交道，要谨守岗位

傲慢的人，多半有足以傲慢的条件。

如果你的领导是个傲慢人物，与其取宠献媚，自污人格，不如谨守岗位，落落寡合。这样，他人虽然傲慢，但为自己的事业考虑，也不能完全摈斥了求功的君子。一有机会，你就该表现出你独特的本领。只要你是个人才，不愁他不对你另眼相看。

怎样与不同性格的同事交往

与不同性格的上司相处需要技巧，与不同性格的同事相处更需要技巧。对大多数人来说，平时与自己相处最多的人就是同事，很多工作都是与同事合作完成的。有和睦的同事关系，对每一个职员来说都是很关键的事情。

一、乐观活跃的同事

此类型的人天生快乐、活跃，也能带给别人快乐，坦率热情，比较容易相处。

与这些同事相处是最自由与舒心的，可以开开玩笑，可以直接探讨事情，也可以直接提出建议。不过，凡事要把握个度，开玩笑不要过头，因为这种性格的人一旦真的生气也会毫不留情。

二、沉默寡言的同事

与沉默寡言的人交流是比较费劲的事情。沉默让你没办法了解他的想法，更无从得知他对你是否有好感。对于这类同事，最好采取直截了当的方式，让他亲自表态。尽量避免迂回式的谈话，直接问他“是”或“不是”，“行”或“不行”。

三、生性呆板的同事

与这类人打交道，不必在意他的冷面孔，相反，应该热情洋溢，以你的热情来化解他的冷漠，并仔细观察他的言行举止，找出他感兴趣的问题和比较关心的事进行交流。与这种人打交道一定要有耐心，不要急于求成，只要有了共同的话题，相信他的那种死板会荡然无存，而且会表现出少有的热情。这样一来，就可以建立比较和谐的关系了。

四、急性子的同事

遇上性情急躁的同事，一定要保持冷静，对他的莽撞，你完全可以采用宽容的态度，一笑置之，尽量避免争吵。

五、好胜心强的同事

有些同事狂妄自大，喜欢炫耀，总是不失时机地自我表现，力求显示出高人一等的样子，处处都要占上风，对于这种人，许多人虽是看不惯的，但为了不伤和气，总是时时处处地谦让着他。可是在有些情况下，你的迁就忍让，他却会当作是一种软弱，反而更不尊重你。对这种人，要在适当时机挫其锐气，使他知道，山外有山，人外有人。

六、城府较深的同事

这种人对事物不乏见解，但是不到万不得已，或者水到渠成的时候，绝不轻易表达自己的意见。这种人在和别人交往时，一般都工于心计，总是把真面目隐藏起来，希望更多地了解对方，从而能在交往中处于主动的地位，周旋在各种矛盾中而立于不败之地。和这种人打交道，一定要有所防范，不要让他完全掌握你的全部秘密和底细，更不要为他所利用，从而陷入其圈套之中而不能自拔。

七、口蜜腹剑的同事

口蜜腹剑的人，“明是一盆火，暗是一把刀”。碰到这样的同事，最好的应对方式是敬而远之。如果在办公室里这种人打算亲近你，你应该找一个理由想办法避开，尽量不要和他一起做事，实在分不开，不妨每天记下工作日记，为日后应对做好准备。

八、尖酸刻薄的同事

其实，谁都不欢迎尖酸刻薄的人，他们总是由着自己的性子，完全不考虑别人的感受，不给他人留一丝情面和回旋的余地。对待这种人，绝大多数人的做法是与其保持一定的距离。一般不与其争辩，尽量避免找麻烦，但是，一旦触到人格底线，必须对其进行反攻，毫不留情地给他一个教训。

九、爱拍马屁的同事

这类人对领导总是说好听的，常常出格地恭维领导，但他们不会计较其他同事怎么看，只要能博得领导青睐就行。你可能对此类人的行为看不惯，但不要明显孤立他、招惹他，这样会给自己招来麻烦。还是要与之正确处理关系，尽量不直接与之为敌。

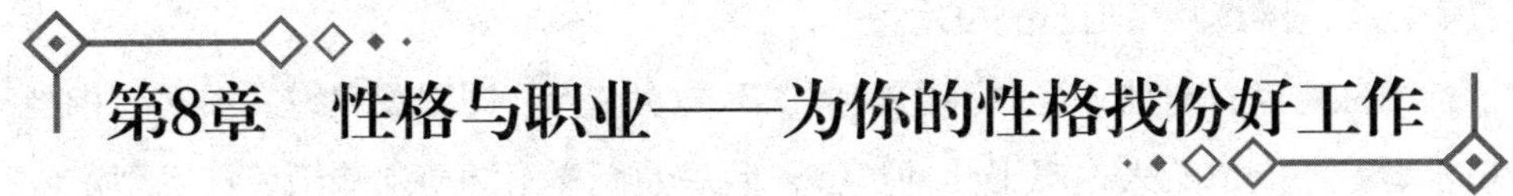

第8章　性格与职业——为你的性格找份好工作

职业发展的一般常识

职业发展主要包括以下内容：

一、什么是职业

职业是指从业人员为获得主要生活来源而从事的社会性工作类别。

职业必须同时具有以下特征：

（1）目的性：职业以获得现金或实物等报酬为目的。

（2）社会性：职业是从业人员在特定社会生活环境中所从事的一种与其他社会成员相互关联、相互服务的社会活动。

（3）稳定性：职业在一定的时期内形成，具有较长的生命周期。

（4）规范性：职业必须符合国家法律和社会道德规范。

（5）群体性：职业必须具有一定的从业人数。

二、什么是职业定位

根据职业定位，人可以分为以下五类：

创造型：这类人有强烈的欲望创造完全属于自己的东西，包括以自己名字命名的产品或工艺，或是自己的公司，或是能反映个人成就的私人财产。他们认为只有这些实实在在的物质才能体现自己的才干。

管理型：这类人有强烈的管理愿望往往将职业目标定为高层管理岗位。成为高层管理人员需要三个方面的能力：①沟通能力：影响、监督、领导、应对与控制各级人员的能力；②判断能力：在信息不充分或情况不确定时，判断、分析、解决问题的能力；③自控能力：在面对危急情况时，不慌张、不沮丧、不气馁，能够很好地控制自己的情绪，有能力承担重大的责任。

技术型：以此为职业定位的人由于自身性格及爱好，往往并不喜欢从事管理工作，而是愿意在自己所处的专业技术领域发展。我国过去并不培养专业经理，而是经常将技术上出众的科技人才提拔到领导岗位，但是他们本人往往并不喜欢做领导，更希望能继续从事自己的技术工作。

自由独立型：有些人喜欢独立做事，不喜欢在大公司里受束缚。很多有相当高的技术型职业定位的人也属于此种类型，但是他们又不同于那些简单技术型定位的人，因为他们往往并不愿意在组织中发展，而是宁愿独立从业，或是与他人合伙。很多自由独立型的人会成为自由职业人，或是开一家小的零售店。

安全型：有些人最在乎的是职业能否长期稳定。这些人会希望有安定的工作、可观的收入、优越的福利与养老制度等。

目前我国绝大多数人都在这一职业定位层次上，但并非都是出于人的本意，要知道，在一定程度上，这是由社会发展水平决定的。随着社会的进步，选择这种职业定位的人将越来越少。

为了更好地明确自己的职业定位，可以尝试以下方法：首先仔细思考以下问题，拿出一张纸，将你的回答要点记录在纸上，然后根据上面五类职业定位的解释，确定你的主导职业定位。

（1）你在中学、大学时投入最多精力的是哪些方面？

（2）你毕业后的第一份工作是什么，你希望从中获取什么？

（3）你开始工作时的长期目标是什么，有无改变，为什么？

（4）你后来换过工作没有，为什么？

（5）工作中哪些情况下你最喜欢和最不喜欢？

（6）你是否回绝过调动或提升，为什么？

以上五类职业定位分类并没有好坏之分，之所以将其列出是为了帮助大家更好地认识自己，并据此重新思考自己的职业生涯，设定切实可行的目标。

了解自己的性格，定位职业的坐标

在现今的职场中，因“性格与职业”的选择发生错位而导致职场的失败，已逐渐成为职场人士面临得越来越严峻的问题。性格并无好坏之分，但性格类型与职业类型的匹配度，却决定了事业的成功与否。究竟怎样才能让你的“个性”为你的职业发展做一个最佳的导航者？首先就要正确测定自己的个性，了解“性格与职业定位”之间究竟有怎样的关联。

一、了解自己的性格

性格决定着职业发展。职业发展规划是与职业气质、能力、兴趣、潜力、价值观、理念等因素相关联的，性格若能与工作相匹配，工作中更能得心应手、轻松愉快、富有成就。反之，则会不适应、困难重重，给个人的发展和组织造成影响。另外，若想胜任工作，还需要更专业的知识、技能、兴趣、价值观以及理念等因素加以支撑，因此先借助科学手段了解自己的性格类型，更有利于进行准确的职业定位。

二、做好前期规划

有很多人边工作边抱怨“现在的工作不是自己喜欢的”，从而怀疑自己选错了职业入错了行。这主要是因为在工作初期未做好职业规划。只有当性格与职业相匹配，并有能力相支撑时，才能实现自身价值最大化。建议大家在面对这样的情况时，先进行自我审视评估和性格测评，了解自己的职业气质、能力，分析优劣势，结合自己的教育背景、工作经验，进行职业生涯的发展规划。

职业生涯规划的十大准则

职业规划是指个人在掌握自己职业兴趣、爱好、特长的前提下，认真分析自己的性格、能力、特点和内外部环境因素的基础上，结合所学专业及知识技能结构，以实现个人发展的成就最大化为目的所做出的行之有效的安排。职业生涯规划的好坏将影响个人生命历程和人生轨迹。

那么，如何才能做好职业生涯规划呢？

一、要有责任心

无论你现在或将来从事什么职业，一定要记住对职业负责。就像医生要对患者负责那样，要恪守职业道德，认真对待工作。

二、要培养和谐融洽的人际关系。

和谐融洽的人际关系非常重要。实践证明与同事间人事关系融洽将使工作效率倍增。

三、要优化交际技能

优良的交际技能可为你谋职就业提高成功概率。如美国硅谷科园区的许多高新技术公司在聘人时不仅考察专业技术，同时还考察受聘者的交际技能。

四、要善于发现并适应变化

不管周围环境及你人生某一阶段出现什么样的变化，都应该及时发现其中的机遇。例如，在互联网上经营商务是一种时代变化，对你也可能是一种机遇，不管是否从事网络商务，面对时代新生事物你都应该认同它并了解其变化的未来趋势，认真审视认真预测，因为你目前或将来从事的职业可能与此密切相关。

五、要灵活

未来时代的工作者们可能必须经常转换职业角色，这就是说你要善于灵活地从一个角色迅速转换到另一个角色，方能适应时代环境的变化。

这有些像为人父母，必须善于在启蒙子女、抚育子女、教育子女等各阶段充当各种不同角色，而这种角色的变更需要父母具有灵活性。因为不同的角色既需要接连转换，又缺少“指路地图”“指点迷津”。做父母的人在此过程中往往靠的是一种直觉相助，而在你未来职业角色的屡屡转换中欲取得成功，则也必须学会学好这种“灵活”才行。

六、要善于学用新技术

或许你想当一名作家，但在当今时代作家也必须不断学习掌握新技术技能才行，比如作家必须娴熟掌握文字处理软件。

七、要舍得花钱花时间学习各种指南性知识简介

目前各大学、社会研究机构等组织都开办了各式各样的实用性半日、一日或两日即可学完的知识简介科目，这些科目你可试学，若试学后感觉有实用价值，不妨再深入学下去……这类指南性知识简介科目的试学可能是预探新领域的最简便易行

之法。

八、摒弃各种错误观念

观念一定要更新，以防被错误思维误导。例如，现今医疗保健行业，已走向了市场化、价值化，这与五年前的医疗保健业截然不同。

九、选择就业单位时事前应多做摸底研究

欲加盟一家公司前，多下点儿力气去研究这家公司的“风格”和“行为”十分必要，不妨事先多去几次这家的门厅接待处同有关招待人员周旋，目的是侧面了解该公司的规范、行为、准则等；也可阅读有关该公司的公开财务报表；还可到该公司邻近的饭店向饭店服务人员侧面了解一些有关该公司职员们的情况（如这些职员属哪种性格、类型的人）。

十、要不断开拓进取、不断开发新技能

复合型社会不仅需要专业化知识，还需要通用化及灵活的技能。一名专业工作者若能借助于专业知识及通用技能综合武装自己，就更能适应未来时代的挑战和竞争。

换句话说，为未来职业发展考虑，绝不应只“低头拉车”，专心研究某一种专业知识；同时还应“抬头看路”，看看这种专业知识在未来是否还将为人们所需要。一般说来，以长远眼光看问题，多掌握几种技能，要比只精通一门狭窄专业知识更有前景。

你的性格适合何种职业

性格活泼的人，适合有挑战性的工作；性格内向的人，适合稳定的工作；有的人适合与物打交道，有的则擅长与人打交道。造物者给了人们不同的性格，其中也含有一定的共性。按照这种共性分类分析，你定能找到最合适自己的工作。

判断自己的职业性格，才能正确选择职业生涯的大方向，这是最关键的第一步。如果不清楚自己的职业性格做一份不合适、不喜欢的工作，将影响你职业道路的进程；如果等到你发现目前的工作不适合、不喜欢，再图跳槽大计，那就走了一大段弯路。如果你永远不以自己的职业性格作为选择职业的准绳，那势必永远在跳槽再跳槽中恶性循环……

性格作为人的一种心理特性具有一定的稳定性，但又不是一成不变的，客观环境的变化和个人的主观调节都会使性格发生改变，所以性格与职业生涯的顺应也并非绝对，而是具有一定弹性。

下列问题有助于你分析自己的性格，请按自己当前工作的真实情况，在“是”或“否”相对的字母上画圈，每题只能画一个圈，不能多圈，也不能漏圈。

第一类：人

选择“是”或者“否”	是	否
1. 你在做出决定前常常考虑别人的意见	A	C
2. 你愿意处理统计数据	C	A
3. 你总是毫不犹豫地帮助别人解决问题	A	C
4. 你常常忘记东西放在哪儿	B	C
5. 你很少能通过讨论说服别人	C	B
6. 大多数人认为你可以忍辱负重	C	A
7. 在陌生人中你常感到不安	C	B
8. 你很少吹嘘自己的成就	A	C
9. 你对世事感到厌倦	B	C
10. 你参加一项活动的主要目的是取胜	C	A
11. 你容易被大多数人的意见所左右	C	B
12. 你做出选择后就会按照既定方案去做	C	A
13. 你的工作成功对你很重要	B	C
14. 你喜欢既需要大量体力又需要脑力的工作	B	C
15. 你常问自己真正的感受如何	A	C
16. 你很在意那些使你心烦意乱的人	C	B

计数（不计算答案C），每选择一个得1分。

A得分（　　），照顾人；

B得分（　　），影响于人；

A和B总分（　　）。

第二类：程序与系统

选择“是”或者“否”	是	否

1. 你喜欢清洁	A	C
2. 你对大多数事情都能迅速做出结论	C	A
3. 经过检验和实践过的决议就应该执行	A	C
4. 你对别人的问题不感兴趣	B	C
5. 你很少对别人的话提出疑问	C	B
6. 你并不总是能遵守时间	C	A
7. 你在各种社交场合下都感到坦然	C	B
8. 你做事总愿意先考虑后果	A	C
9. 你觉得在限定的时间内迅速地完成一件事很有趣	B	C
10. 你喜欢接受紧张的新任务	C	A
11. 你的论点通常可信	C	B
12. 你不善于查对细节	C	A
13. 明确、独到的见解对你是很重要的	B	C
14. 人多的话会影响你的自我表达	B	C
15. 事情一旦开始你总是努力完成	A	C
16. 大自然的美常使你震惊	C	B

计数（不计算答案C），每选择一个得1分。

A得分（　　），语言；

B得分（　　），财政金融/数据处理；

A和B总分（　　）。

第三类：交际与艺术

选择“是”与“否”	是	否
1. 你喜欢在电视节目中扮演角色	A	C
2. 你有时难以表达自己的意思	C	A
3. 你觉得你能写短篇故事	A	C
4. 你能为新的设计提供蓝图	B	C
5. 关于艺术你所知甚少	C	B
6. 你愿意做实际工作，而不愿读书或写作	C	A
7. 你很少留意服装设计	C	B

8. 你喜欢同别人谈论他们的见解	A	C
9. 你满脑子独创思想	B	C
10. 你发现大多数小说很无聊	C	A
11. 你特别不具备创造力	C	B
12. 你是个实实在在的人	C	A
13. 你愿意将自己的照片、图画拿给别人看	B	C
14. 你能设计有直观效果的东西	B	C
15. 你喜欢翻译外文	A	C
16. 不落俗套的人使你感到很不舒适	C	B

计数（不包括答案C），每选择一个得1分。

A得分（　　），文学、语言、传播；

B得分（　　），视觉艺术与设计；

A和B总分（　　）。

第四类：科学与工程

选择“是”或者“否”	是	否
1. 辩论中，你善于抓别人的弱点	A	C
2. 你几乎总是自由地做出决定	C	A
3. 想个新主意对你来说不成问题	A	C
4. 你不善于令别人相信	B	C
5. 你喜欢事前做好准备	C	B
6. 你认为想象有助于解决问题	C	A
7. 你不善于修补	C	B
8. 你喜欢谈不可能发生的事	A	C
9. 别人对你的谈论不会使你难受	B	C
10. 你主要靠直觉和个人感情解决问题	C	A
11. 你办事有时会半途而废	A	C
12. 你不隐藏自己的情绪	C	A
13. 你发现解决实际问题很容易	B	C
14. 你认为传统方法通常是最好的	B	C

15. 你珍惜你的独立　　A　C

16. 你喜欢读古典文学　　C　B

计数（不计算答案C），每选择一个得1分。

A得分（　　），研究；

B得分（　　），实际；

A和B总分（　　）。

请计算出各部分的A得分、B得分与A和B的总分。

总分在0～4分：表明这一工作不能满足你的性格所求；

5～10分：表明一般；

10分以上，表明这一类型的工作最适合你，能满足你的性格需求。

最后，根据A和B的得分多少，来确定工作范围内的具体职业。

第一类：人

在这一大类中：如果A得分高于B，则说明你更善于照顾人，应该在医务工作、福利事业或教育事业中寻找职业，如医生、健康顾问、社会工作者、教师等。

如果B得分高于A，则表明你更能影响他人，对军事、商业或者管理方面会感到得心应手，例如警察、军人、安全警卫、市场经理、贸易代理、市场研究者等。

第二类：程序与系统

在这一大类中：如果A得分高于B，表明你适合做行政管理、法律等与语言有关的工作，例如，办公室主任、人事管理、公司秘书、律师、图书馆员、档案员、书记员等。

如果B得分高于A，那么你更适合做金融和资料处理工作，包括会计、银行、出纳、金融、保险、计算机程序和系统分析方面的工作。

第三类：交际与艺术

在这一大类中：如果A得分高于B，表明你适合做新闻、文字和语言工作，如记者、翻译、电台或电视台工作人员、公共事业管理员。

如果B得分高于A，表明你更适宜于从事设计和艺术工作，如图案设计员、制图员、建筑师、室内装修设计师、剧场设计、时装设计、摄影师等。

第四类：科学与工程

这一大类的工作可分为研究与实际工作。如果A得分高，则适于从事前类工作，如生物学家、物理学家、化学家等。

如果B得分高则适于从事后类工作，如机械工程师和土木工程师等。A和B不能绝对分开。

每个人的性格都有积极和消极两个方面，通过测量、分析，有利于克服消极的性格品质，发扬积极的性格品质。例如，有的人在工作中积极热情、乐于助人、好出头露面，但做事持久性不长，常表现得虎头蛇尾，这种人应该注意培养自己克服困难的决心和信心，锻炼自己的持久性；又如，有的人办事热情高、拼劲足、速度快，但有时马马虎虎，甚至遇事就着急，性情暴烈，这种人应该在发扬其性格长处的同时注意培养认真细致的精神，防止急躁情绪，要随时“制怒”；有的人做事深沉、认真、严谨，但有时优柔寡断、办事拖拉，这种人必须经常提醒自己“今天的事今天完成”，并逐步养成当机立断的性格。

你的职业是否符合你的性格

在职业心理中，性格影响着一个人对职业的适应性，不同的职业对人有不同的性格要求。

因此，选择职业时，不光要考虑自己的职业兴趣，还要考虑自己的职业性格特点。

下面的测验从人的职业性格特点和职业对人的性格要求两方面来划分类型，每一种职业都与其中的几种性格类型相关。

根据自己的实际情况，对下面的问题做出回答，并在括号中填写回答“是”的次数。

第一组

（1）喜欢内容经常变化的活动或工作情景。

（2）喜欢参加新颖的活动。

（3）喜欢提出新的活动并付诸行动。

（4）不喜欢预先对活动或工作做出明确而细致的计划。

（5）讨厌需要耐心、细致的工作。

（6）能够很快适应新环境。

第一组总计次数（　　）

第二组

（1）当注意力集中于一件事时，别的事很难使我分心。

（2）在做事情的时候，不喜欢受到出乎意料的干扰。

（3）生活有规律，很少违反作息制度。

（4）按照一个设定好的工作模式来做事情。

（5）能够长时间做枯燥、单调的工作。

第二组总计次数（　　）

第三组

（1）喜欢按照别人的批示办事，需要负责任。

（2）在按别人指示做事时，自己不考虑为什么要做这些事，只是完成任务而已。

（3）喜欢让别人来检查工作。

（4）在工作上听从指挥，不喜欢自己做决定。

（5）工作时喜欢别人把任务的要求讲得明确而细致。

（6）喜欢一丝不苟按计划做事情，直到得到一个圆满的结果。

第三组总计次数（　　）

第四组

（1）喜欢对自己的工作独立做出计划。

（2）能处理和安排突发事件。

（3）能对将要发生的事情负起责任。

（4）喜欢在紧急情况下果断做出决定。

（5）善于动脑筋，出主意，想办法。

（6）通常情况下对学习、活动有信心。

第四组总计次数（　　）

第五组

（1）喜欢与新朋友相识并一起工作。

（2）喜欢在几乎没有个人秘密的场所工作。

（3）试图忠实于别人且对别人友好。

（4）喜欢与人互通信息，交流思想。

（5）喜欢参加集体活动，努力完成任务。

第五组总计次数（　　）

第六组

（1）理解问题总比别人快。

（2）试图使别人相信你的观点。

（3）善于通过谈话或书信来说服别人。

（4）善于使别人按你的想法来做事情。

（5）试图让一些自信心差的同学振作起来。

（6）试图在一场争论中获胜。

第六组总计次数（　　）

第七组

（1）你能做到临危不惧吗？

（2）你能做到临场不慌吗？

（3）你能做到知难而退吗？

（4）你能冷静处理好突然发生的事故吗？

（5）遇到偶然事故可能伤及他人时，你能果断采取措施吗？

（6）你是一个机智灵活、反应敏捷的人吗？

第七组总计次数（　　）

第八组

（1）喜欢表达自己的观点和感情。

（2）做一件事情时，很少考虑它的利弊得失。

（3）喜欢讨论对一部电影或一本书的感想。

（4）在陌生场合不感到拘谨和紧张。

（5）相信自己的判断，不喜欢模仿别人。

（6）很喜欢参加学校的各种活动。

第八组总计次数（　　）

第九组

（1）工作细致而努力，试图将事情完成得尽善尽美。

（2）对学习和工作抱认真严谨、始终一贯的态度。

（3）喜欢花很长时间集中于一件事情的细小问题。

（4）善于观察事物的细节。

（5）无论填什么表格态度都非常认真。

（6）做事情力求稳妥，不做无把握的事情。

第九组总计次数（　　）

统计和确定你的职业性格类型：

根据每组回答“是”的总次数，填入下表：

组	回答“是”的次数	相应的职业性格
第一组	（　）	变化型
第二组	（　）	重复型
第三组	（　）	服从型
第四组	（　）	独立型
第五组	（　）	协作型
第六组	（　）	劝服型
第七组	（　）	机智型
第八组	（　）	好表现型
第九组	（　）	严谨型

选择“是”次数越多，则相应的职业性格类型越接近你的性格特点；选择“不”的次数越多，则相应性格类型越不符合你的性格特点。

各类职业性格的特点：

（1）变化型：这些人在新的和意外的活动或工作环境中感到愉快，喜欢经常变化工作内容的工作。他们追求多样化的活动，善于转移注意力和工作环境。适合从事的职业类型有记者、推销员、演员等。

（2）重复型：这些人喜欢连续不停地从事同样的工作，喜欢按照机械的或别人安排好的计划或进度办事，喜欢重复的、有规则的、有标准的职业。适合从事的职业类型有印刷工、纺织工、机床工、电影放映员等。

（3）服从型：这些人喜欢按别人的指示办事，不愿自己独立做出决策，喜欢让他人对自己的工作负责。适合从事的职业有办公室职员、秘书、翻译等。

（4）独立型：这些人喜欢计划自己的活动和指导别人的活动。在独立的和负有职责的工作环境中感到愉快，喜欢对将要发生的事情做决定。适合从事的职业类型有管理人员、律师、警察、侦察员等。

（5）协作型：这些人在与人协同工作时感到愉快，想得到同事们的喜欢。适合从事的职业类型有社会工作者、咨询人员等。

（6）劝服型：这些人喜欢设法使别人同意他们的观点，一般通过谈话或写作来达到目的。对于别人的反应有较强的判断力，且善于影响他人的态度、观点和判断。适合从事的职业类型有辅导人员、行政人员、宣传工作者、作家等。

（7）机智型：这些人在紧张和危险的情境下能很好地执行任务，在危险的状况下能自我控制并和镇定自如，能出色地完成任务。适合从事的职业类型有驾驶员、飞行员、公安员、消防员、救生员等。

（8）好表现型：这些人喜欢能够表现自己的爱好和个性的工作环境。适合从事的职业类型有演员、诗人、音乐家、画家等。

（9）严谨型：这些人喜欢注重细节，按一套规则和步骤将工作尽可能做得完美。会努力地工作，以便能看到自己付出努力后完成的工作效果。适合从事的职业类型有会计、出纳员、统计员、校对员、图书档案管理员、打字员等。

内向性格的人与职业选择

内向性格的人，适合以实物（文字类、机器类、动植物、自然等）为对象，一个人扎扎实实地工作，如果必须几人共事，如相互间没有交叉而是平行作业的话，也相当合适。

特别是对于需要耐心的工作，这一类型的人，更能发挥特长。外向型的人很快就厌烦、放弃的工作，他们却能做得很好。要求周密、细致的工作，遵守规则的工作，单纯反复的工作，都适合内向型的人，如学者、研究者、技师、书记、会计、电脑操作者、文书和管理员，等等。

以复杂的人际关系为主，或是和世间繁杂有相当关联的职业，不适合这类型的人。他们适合做个优秀的经济学者，但不适合担任公司经营者，也不适合从事服务业。

但是，内向型的人由于具备了诚实、严谨、忠厚、有耐心等优点，有时在人际关系复杂的工作上，也能出奇制胜。

性格内向的人，在找工作中尤其是面试的时候，应该注意什么呢？任何工作都免不了与人沟通，关键是要选择一份适合自己的工作，而且在面试时要表现出能够做好这份工作的信心和实力。需要注意的是，一定要提前了解一下所应聘公司的企业文化，以便让自己在言谈举止方面更好地接近这种文化。

作为内向型的职业人士，有必要刻意锻炼自己的交际能力吗？首先从职业发展的角度看，性格与职业“匹配”是最佳选择。但随着社会开放度的日益加大，完全闷头干活的岗位已越来越少，适当锻炼一下自己的性格会对未来的职业发展有很大帮助。俗话说，人在职场身不由己，无论什么工作，拥有更好地沟通技巧，工作起来就会更容易。当然，内向的人如要坚持锻炼自己待人接物的能力，还需付出比一般人更多的努力。

外向性格的人与职业选择

在求职中，外向性格是不是比内向性格略胜一筹？这要按个人的求职目标而定，如果职位需要的求职者是安静、谨慎、细致的，那么性格内向的人胜算就更大一些；如果职位要求外向、善于与人打交道、具有领导能力等，那外向型人的胜算自然更大。性格本身并无好坏，而是要看与职位的契合度究竟怎样。

一般而言，外向型的人适合从事集体工作的职业，如公务员、公司职员等，广义的薪水阶级生活，大致都适合于外向型的人。

不过，说是“薪水阶级”未免以偏概全，因为其中包括了不必和人接触、坐办公室之类的工作就不太适合外向型的人。另外，记录、记账、资料整理、机器类操作、实验、观察等较枯燥的工作也是不适合他们的。总之，外向型的人比较适合与周围的人同心协力地工作，最适合频繁与人打交道的工作。“薪水阶级”工作中，和交涉、谈判相关的工作如服务部门、销售部门的工作最合适。杰出的公关人员，大多都是这种类型的人。

外向型人也适合做宣传人员和教育者。如果有卓越领导能力的话，也适合指挥、监督、领导性工作。

一般来说，外向型的人适合的工作很多，他们在任何地方都能找到乐趣。外向作为人的一种处世心态，对职业有很大帮助，而且外向不代表没心机，一个人完全可以性格外向，却还有很高的洞察力和高明的谋略。

职业选择错位时如何补救

人是在学习和工作中不断成熟的，所谓的成熟从心理性格角度则表现为在适应社会、有着良好的人际关系，等等。在适应社会过程中遇到性格与职业选择错位的问题时，也是非常普遍和正常的。关键是如何针对自身弱点，努力弥补不足，从而学会控制情绪。当然这里的“控制”不是“压抑”自己的个性，而是“压制”那些冲动的、不理智的和盲目的情绪。不可盲目跳槽，一定先要根据性格、兴趣和能力等找准自己的职业定位，做好职业规划。在此基础上，还要在现有工作过程中有意识地加强某些能力的训练，以便为跳槽后的新职业做好充分的准备。

个人的能力素质、性格等可以适应不同的工作环境和职业内容，关键是必须找到最优组合，找到最适合的工作，对个人优势进行整合分析，集中力量办大事。职业发展要以个人核心竞争力为轴心，要用自己最“长”的一块板和别人竞争，还要不断增长自己的优势“板长”。

运用性格的力量在竞争中取胜

人与人之间有着很大的区别，有人乐意干事务性的工作，有人对信息加工与处理非常擅长，还有的人热衷于人与人之间的沟通和交流。这就是人的性格偏好所起的作用。因此，性格能让你在一种职业环境中获得成功，但在另一种职业环境中却大受挫折。

性格是一个复杂、动态的混合体，由遗传、后天累积的经验、与周围环境的相互作用，以及意识和潜意识构成。不少人认为自己是一个多种类型混合而成的矛盾体，但是专家认为“万变不离其宗”，你一定是以“本我”为核心的，也就是每个人的个性中一直保留着恒定的偏好。

性格偏好，意味着你以某种方式做事的天生爱好。就像你的左右手，你每天都要使用，但出于本能，你一定偏好使用其中的一只，因为它能更加自如、充分地发挥其功能。当然，你也可以用不擅长书写的那只手写字，但你会感到别扭、费力，而且写出来的字也不如另外一只手。

如果你发现自己处在不适宜的职位上，或者认为某个职业不适合自己，通常是因为职业角色的要求和你的个性偏好不相匹配。为了有效行使职能或做好这份工作，你常常会改变自己已定型的性格定位，这便带来焦虑和紧张。举例说，一个内向的人需要在一个大型演讲会上发表演说，或者一个急脾气的人要扮演员工关系协调者的角色，这都会让他们感到紧张或将工作搞砸。由于性格偏好与职业角色的要求不协调，个人潜能便无法有效发挥，工作表现自然不如意。

由此看来，性格与职业的选择、成功有着密切的关系。如果你能辨别自己的性格偏好，并力图使之和职业角色的要求匹配起来，就一定会在工作中保持和加强你的优势，控制和减少你的劣势，职业表现肯定强于别人。如果你想取得职业的成功，首先要理解、认清自己的性格偏好；其次是明确在哪种环境下工作能最大限度地发挥自己的个性优势；从事什么类型的工作，能让你的“本我”个性与职业个性融为一体……

假设你是位出色的销售经理，具有随和、易与人交往、工作努力等特点，由于工作表现出众，被公司提升为高级营销经理，每天面对的工作也从原来的销售队伍管理、客户拜访转变为区域数据分析、市场调研计划和广告促销活动策划等。同事和朋友很羡慕你的新职位，但你却可能感到新工作非常枯燥，宁愿走访客户。出现这种情况，显然是公司和你都没能弄清销售人员和营销人员是两种截然不同的职业，角色的要求存在着很大的差异。

从专业角度而言，营销经理的任务是从公司长远的营销战略出发，寻找、确定市场机会，制定营销策略、规划并组织新产品或服务上市，确保销售活动达到预定的目标；而销售人员则是负责实施新产品进入市场和促进、维持销售活动。因此，营销人员大多具有以数据为导向的个性偏好，擅长规划远景蓝图，善于洞悉客户需求与行为间的关系，但销售人员的缺点是短期行为多，无整体战略性且缺乏整体分析能力。尽管相当多的营销人员来自销售队伍，但不是所有的销售人员都能胜任营销的职业角色。

其实，在不少领域里你我往往缺少天分，毫无才干及能力，连勉强完成某项任务都不容易，这时，你就应该避免选择这些领域内的工作。对于无能为力的领域，还是不再徒耗心力为好，毕竟从“毫无能力”进步到“马马虎虎”要耗费的时间与精力，远比从“表现突出”到“卓越境界”所需多得多！

性格外向的人乐于与人交往，他们善言谈，在职业中能够充分利用其人际交往的能力；另外，他们以行动为导向，乐于在公众场合表现自我。如果让他们花时间独处，或者独自完成工作，很快会变得疲惫不堪、烦躁不安、精神沮丧。然而内向的人沉静、保守，喜欢独自工作，一次只能关注一件事。因此，性格外向的人可以胜任销售经理、客户服务、公共关系、演员等工作，而内向型的人则很难满足这类职业角色的基本要求。

总之，性格与职业成败有着密切的关系。理解、认清自己的性格偏好，找出自身的优缺点，并且学会在工作中扬长避短，才能促使自己在职业竞争中表现卓越。

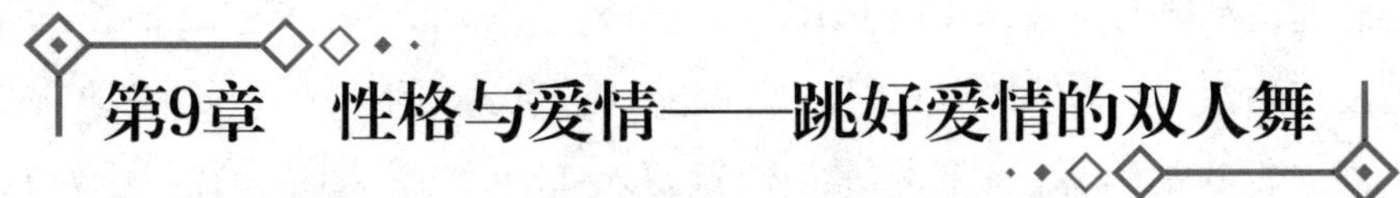

第9章 性格与爱情——跳好爱情的双人舞

不同性格的人在恋爱中的表现不同

诗人拜伦说：“婚姻是男人生活的一部分，却是女人生活的全部。”一句话道出了男人与女人对待婚姻的不同态度。大部分女人一旦结婚，其全部精力和心思往往会与自己的男人联系在一起。我们在日常生活中经常听到一句话：“一个成功男人的背后总有一个伟大的女人。”尽管男人的事业主要取决于他本身的才智、勤奋与运气，但一个任劳任怨、善良贤惠的女人则往往对男人的事业有着巨大的支持作用。我们看到过许多这样的例子，一个成功的男人总会把自己的成就和光荣归功于背后的女人。但这些并不表示男人对女人的事业就没有帮助，更不表示所有女人都是在男人背后默默地奉献而没有自己成功的事业。无论是成功的男人还是女人，都需要有幸福的婚姻、美满的家庭做后盾。没有和谐的婚姻，对于男人或是女人来说都是一种缺陷，一种遗憾，一种不完美。

爱情是人世间最美丽的花朵，自从人类诞生以来，它就是艺术家眼中永恒的主题，他们为此写下了多少不朽的名作。面对令人心驰神往、陶醉不已的爱情，有的人勇于追求，得到了自己的幸福生活；有的人喜欢期待，生性羞怯，让爱情从手中溜走，成为以后生命中一段难以忘却的遗憾。由于对性格的无知和对爱情、婚姻的恐惧，很多人即使找到了自己喜欢的另一半，也对以后的相处心存犹豫：“难道我要和这个人交往，并且以后过一生吗？他或她是我无数次在心底盼望的人吗？”这些问题需要你自己用一双慧眼去判断，所以了解你自己与对方的性格就是非常重要的事情。

一、鲁莽型

鲁莽型性格的人对于爱情的内涵往往不假思索，盲目追求，一旦发现自己的意中人后就会勇敢地出击。这种性格的人热情有余但理智不足，对于爱情往往靠感觉，对于对方的一切都不详加考察，就投入自己的感情。但他们多半是一厢情愿，表达心意时常常单刀直入，开门见山；一旦进入恋爱阶段，则情感会显形于色。他们通常没有耐性，不善于持续观察对方，急于定结论，下决心。一见钟情的情况在这种人身上很容易出现，他们经常很快就堕入情网，过早把感情托付于对方或向对方采取亲昵的举动。但他们也很容易受到伤害，一旦被对方拒绝，往往要意志消沉、心灰意懒一段时间。然而痛苦的时间不会很长，他们很快又能投入另一段感情生活中了。

二、热情型

热情型的人易于获得对方好感，因为他们天性热情，活泼好动，善于交际，并能很快适应新环境。这种人机智敏锐，能很准确地捕捉到对方的心理变化，善于分析对方给自己的暗示，能从对方的言行中感觉出对方的看法，他们不会冲动地追求，一般是在确知彼此心意后采取行动。这种性格的人一旦遇到真正的爱情，往往容易醉心于自己的情感当中；一旦遭遇了挫折，他们也不会穷追不舍，会适宜地转移目标。热情型的人独立性差，易受他人及环境的影响，情绪起伏波动大，情感不坚定也是这种类型的人最显著的特征。

三、谨慎型

谨慎型性格的人善于用自己的理智支配行为。他们成熟稳重，对待爱情从容不迫，严肃认真。他们含蓄、谦恭，说话得体，感情适度，态度持重，不过早流露热情，更不轻易海誓山盟。谨慎型的人能够克制自己，即使心中有着炽热的爱情，也不会把它完全展露在对方的面前，往往把深情隐藏在为对方所做的事及付出的行动中。他们对于失恋也不会有偏激的做法，因为他们明白爱情并不是生活的全部，人生中还有许多值得期待和努力的事。

四、坚韧型

对自己喜欢的人坚定不移、矢志不渝地追求，是典型的坚韧型。这种性格的人相信“精诚所至，金石为开”，往往为自己所爱的人默默付出一切，不求回报，在他们看来，付出本身就是个开心的过程，能让自己所爱的人感到开心是他们追求的目标。这种性格的人情感体验稳定、深刻、持久，对爱情很专一。他们往往具有顽强的意志和巨大的忍耐力，可以承受常人所不能忍受的痛苦，用不屈不挠的毅力勇敢地面对困难，不达目的，誓不罢休。

男女的性格决定了恋爱的模式

有多少对恋人就有多少对恋爱模式，不同的性格决定了他们之间不同的相处模式。女人最怕孤单，最渴望有个和自己相知相爱的男人陪在身边，永远围着自己转，时时牵挂着自己。爱一个人与被一个人所爱并不矛盾，是拥有充实、完满人生的重要部分。然而对于男人们来说，善变、爱撒娇的女人常常弄得他们六神无主，不知所措，但又是那样的迷恋与呵护着她们，甘愿付出自己的一切。爱情的道路上从来都不是一帆风顺，因为恋爱中的人也是两个独立的个人，有着完全不同的个性，因此必然存在摩擦，有冲突。所以恋爱中的双方应该首先了解自己的恋爱模式。

一、父母-儿童型恋爱模式

这种类型的模式，顾名思义，必然是恋爱的一方承担着父母的角色，而另一方则是孩童的角色。承担父母角色的人必然要付出得多一些，他们要照顾任性、依赖的一方。由于在传统的观念中，女性总是处于柔弱和依赖的地位，所以在这种类型中，孩童式的角色一般由女人来扮演。但是在竞争激烈的社会中，也有很多天性懦弱、容易依赖别人的男人，那么他们在家庭中很有可能扮演孩童的角色，在妻子的身上寻找母亲的感觉。这就像是弗洛伊德所谈到的“恋父”和“恋母”情结。女性从出生到成长结婚，受父母的影响是最大的。很多女性在选择未来的丈夫时，总是以父亲的形象来衡量对方，如果在她们眼中父亲是伟大的可以依赖的，那么在选择对象时，总是容易寻求与自己父亲有相同性格或是类似性格的人；但如果父亲在自己的心目中有许多缺点，那么她们在择偶时，最先排除的就是和父亲有类似特点的男人。对于大多数男人来讲，从小就受到母亲无微不至的照顾，在他们中，母亲是对自己最好的人，她们是家里的天使，让整个家干净、整洁，让自己永远那么幸福。因此大多数男人在选择对象时，总是选择与自己母亲有相同品质的女性。他们希望女友像母亲一样照顾自己。有时在日常生活中，我们还可以看到许多年轻男性喜欢年龄比自己大的女性，因为在她们身上可以感觉到更多的母爱和温暖。相对应地，许多年轻女性也选择比自己大很多的男性，因为他们会令自己更有安全感。

二、儿童–儿童型恋爱模式

这种类型与中学生的初恋有很多的共性，不停地吵闹，再和好，三分钟后又开始吵闹，然后又和好。恋爱双方经常为小事怄气，发生误会，但过不久就烟消云散和好如初。在这种类型的恋爱模式中双方不会安静地待上一会儿，要不就高兴得像孩童一样，要不就是斗气、冷战。但无论怎样的吵闹都影响不了双方的感情，双方明白彼此的生活都不能离开对方，自己才是最适合对方的。有很多初涉爱河的男女都属于这种类型，当然也有很多双方性格都很活泼开朗的人，他们的相处之道就一直如同孩童般纯真和浪漫。这种类型的恋爱模式在外人看来不那么保险，随时有倒塌的可能，但是当事人却乐在其中，有着很多旁人不知道的乐趣。

三、成人–成人型恋爱模式

这种类型与上述的“儿童–儿童型”正好相反，这是典型的成人之间相处的模式。在这种类型中，恋爱双方因为有着共同的目标和追求走到了一起，又因为有着共同的兴趣和爱好以及对事情的态度而最终结合。同时他们都很重视自己在对方眼中的形象。女性为了增加自己的魅力，有时爱撒娇、赌气，但大多时候她们都很理智，对自己和对方有较深刻的理解。男性则表现得很温柔、体贴，对女性很包容。有时他们也会发火、生气，但这就像六月的雨，来得猛，去得快，不会影响双方的感情。

四、混乱型

前面三种类型双方都能取长补短，和谐相处，还有一种情况则是双方其实并不合适，只是偶尔某个时刻都感觉到了心动，但这或许是一时的错觉，或许是爱神的捉弄，他们其实在很多方面都不能达成共识，彼此没有交流的共同平台。随着双方关系的进一步发展，彼此都觉得是一种负担，不能再在感情的道路上继续前进。但由于心中还有很多的疑惑与不舍，即使双方没有感情，却仍然在交往。这种模式是不协调的，是混乱的，当事人应该果断地停止交往，以便全力迎接下一段新感情。

男人期望的女性性格

男人和女人因为彼此生理结构的不同，在为人处世和婚姻生活中有着不同的角色分工，因此也造成了不同性格的女性在婚姻生活中表现不同。俗话说得好，萝卜青菜，各有所爱。不同性格的女性都有着各自的优点和缺陷，她们本身的差异，反映到婚姻生活中，当然各有不同。对男人来讲，他们不一定非要找个国色天香的老婆，但是他们一定需要找个最适合自己、最理解自己的亲密爱人。他们希望伴侣就像母亲一样对他们付出无私的爱；也希望伴侣能像朋友一样理解他们的喜好，有着共同语言；同时又希望伴侣与自己不一样，有着女性该有的温柔和妩媚。总而言之，不同的男人对爱人都有自己的需求，对他们而言，适合的就是最好的。

一、细心的女人是丈夫最得力的助手

拥有好的记忆力，做事细致入微，是一个好妻子不可缺少的好性格。心细的女人在各个方面都能为男人带来好运气。对于心细的女人来讲，丈夫不用多费口舌，她们能清楚地记得丈夫喜爱什么，不喜爱什么；知道丈夫需要什么，不需要什么。她们不仅在家庭生活中把丈夫照顾得无微不至，在职场上，也能给予丈夫及时的帮助。她们能准确地记住丈夫的上司、同事的喜好，在需要陪同丈夫出席的场合，她们也能娴熟地应付，并且给人留下好印象。细微处看真情，细心的妻子是丈夫最大的靠山和最坚强的后盾。

二、善解人意的女人是丈夫的缓压剂

在传统观念中，虽然男性被赋予了坚强、刚毅、勇敢等性格特征，但是男人有时是比女人更加脆弱和敏感的动物，他们在人生的关键期也会迷茫、彷徨甚至误入歧途。但是固有的形象不允许他们在人前哭喊、吵闹甚至显露自己的脆弱和痛苦。现实生活中，激烈而残酷的竞争，使得男人同样在工作中备受煎熬，他们也有很多不如意的事，这时就需要有一位善解人意、温柔体贴的妻子来安慰和鼓励他们。男人是永远不会把自己的痛苦外露的，他们习惯给自己带上坚强的面具，但是过重的压力有时也会让他们崩溃，所以一个与他们有共同语言，能不时开导他们的好妻子对于他们来讲就是缓压剂。

三、宽容大度的女人是家庭生活的和平鸽

男人选择终身伴侣时，大部分会选宽容大度的女人。宽容大度的女人不喜欢斤斤计较，在和丈夫发生争吵时，不容易记仇且总是首先退让，向对方道歉。这样的女人其实很懂得生活。俗话说，夫妻没有隔夜仇，清官难断家务事，夫妻之间的事很难说明白谁对谁错，因为本来就是糊涂账。宽容大度的女人，懂得适时退让，她们有眼光，知道把握分寸，也能理解男人爱脸面的特点。在夫妻生活中，越是固执己见、不肯退让的女人，越是让人心烦，只会让丈夫更加烦恼，更不愿回家。宽容大度的女人既不让丈夫忽略自己的存在，又不让丈夫难堪，在大家都开心的情况下解决了问题，使家庭越来越和谐、美满。如果想有一个和谐、美满的家庭，最好找一个个性宽容大度的人，因为她们是家庭的和平鸽。

四、撒娇的女人是丈夫可爱的宝贝

爱撒娇的女人是丈夫努力的动力，又绝不是一种负担。女人的柔弱能使男人迅速成长，激发他们的男人本色。不懂向丈夫撒娇或者认为撒娇是一种矫饰行为的女人，是无法体会到撒娇的婚姻润滑作用。另一方面，不会撒娇的女人会让丈夫有压力，因为在这些丈夫看来，自己的妻子很坚强，不需要他们，甚至会觉得自卑，感到没有男人的尊严，而为了找寻自己的自信心，他们可能会转向另外的女人。

五、擅长烹饪的女人给予男人最贴心的关怀

俗话说：“要想拴住男人的心，最先拴住男人的胃。”对于男人来说，口腹之欲是他们最难以割舍的情怀。好太太必备的能力之一就是有一手好厨艺。许多男人在劳累了一天之后，看到家里的温暖灯光，胸中就会有一股暖流经过，因为他们知道在那灯光里有着自己爱的家人和一顿可口的饭菜。男人其实很容易满足。

擅长烹饪的女人深知自己男人的脾性，总能在丈夫需要的时候给予他们最真切的关怀，可口的饭菜让丈夫感到舒适和满足。

六、善于言辞的女人是丈夫最好的安慰剂

善于言辞的女人是会说话的女人，但却不是爱唠叨的女人，她们懂得什么时候该说什么话，什么时候又应该沉默不语。这种类型的女人能在丈夫劳累时说一段笑话解闷，让他们稍微放松一下。当然她们任何时候都不会扫丈夫的兴致，当丈夫在晚餐的饭桌上讲到感兴趣的事情时，她们决不会冷着脸来一句“吃饭时别说话”或者“小心噎着”，因为这样无疑是给热情的丈夫泼了一头冷水，让他们以后再也不愿与你有如此轻松愉快的聊天情绪了。

七、与丈夫同甘共苦的女人是丈夫坚强的后盾

“风雨同舟”这个成语描述的是共患难的情形，但是每个人一生中能真正与自己共患难的也只有自己的伴侣。夫妻二人在复杂的人世间一起艰难地摸索，无论是顺利或是不顺利，都将是人生的宝贵财富。

与丈夫同甘共苦的女人必定是理智的，坚强的，她们不会在丈夫失败后恶语相加，更不会离丈夫而去，而是默默地陪在他们的身边，给予他们无声的鼓励和帮助。对男人死心塌地的女人无条件地追随男人，陪着他们走向成功，更重要的是陪着他们走过失败和挫折。这种女人能成为丈夫的知己，带给男人无限的信心、动力和温存。

八、喜欢制造气氛的女人是丈夫眼中的魔法精灵

谈恋爱时双方都很喜欢去有氛围的环境，比如环境幽雅的餐厅或者有艺术气息的画廊，或者两人相约去听一场经典的音乐会，要不然就是到景色秀丽的地方去旅游。在和谐美好的环境中，人的心情也会变得分外美好，而这样的环境更能使沉醉于爱河中的男女双方发现对方更多的优点和动人之处。结婚后，由于日夜在一起，没有了神秘感，也没有了恋爱时的那种激情，因此夫妻双方也越来越疏于对良好氛围的营造。长此下去，使得婚姻生活变得沉闷，甚至出现这样那样的问题。有一个喜欢制造氛围的女主人就会使整个家庭充满活力，也使得丈夫对自己刮目相看，让婚姻生活充满情趣。

男人不能容忍的女性性格

女人有可爱的一面，当然也有不可爱的一面。在婚姻生活中，有的妻子让男人感到幸福，有的妻子让男人感到痛苦与厌恶。有的是志同道合，有着共同爱好与习惯的人结合在一起组成家庭；也有的是生活习惯、做事方式完全不同的人结合在一起组成家庭，因此才有了婚姻生活的悲欢离合。对于夫妻双方来说，最好的不一定是最适合的，而适合的才是最重要的。女性因娇柔、可爱、善良及贤惠为男人们所心动，但人无完人，女人自然也有难以避免的缺陷，比如心眼小、爱生气、不够理智、不讲道理，等等。这些不够完美的性格特征成了她们婚姻生活中最大的绊脚石。

一、过分爱慕虚荣的女人带给男人沉重的压力

爱慕虚荣是一些女人固有的特性。在婚姻生活中，过分爱慕虚荣的女人是丈夫最沉重的负担和最大的压力来源。为了给爱慕虚荣的妻子买一套昂贵的化妆品或者一套价格不菲的服装，男人不得不连续加班，因此不能早些回家，于是他们又成了妻子口中不负责任和不愿分担家务的没良心男人。这样的妻子还喜欢与别人的妻子攀比，经常说“这个朋友的丈夫又送了朋友项链”，或者说“那个朋友的丈夫职务又升了”等，浑然不觉自己的话对丈夫造成了多大的伤害。这种女人的丈夫通常都很自卑，因为他们总是满足不了妻子无限制的需求。这样的婚姻以丈夫的无限忍让为代价，一旦丈夫到了不愿再忍的地步，婚姻也就走到了尽头。

二、唠叨不停的女人应学会给丈夫留一些空间

爱唠叨的女人是情感泛滥的女人，她们总觉得整个家庭少了自己，日子就无法再过下去。丈夫的一切行为在她的眼里都有毛病，让她们不满意，而自己不说不行，这样就形成了爱唠叨的习惯。爱唠叨的女人其实特别爱自己的丈夫，她们的全部生活就是丈夫，所以丈夫的任何细小的动作和行为在她们眼中都是大事情。但在丈夫看来，妻子太喜欢小题大做，什么小事都能让她们唠叨半天。丈夫在一天的工作之后，本来就很心烦，现在加上这样的聒噪，自然不愿在家里待着了。久而久之，夫妻双方没有了共同的话题，没有了语言的交流，婚姻自然要出现问题。

三、过度任性蛮横的女人会让丈夫吃不消

《射雕英雄传》里塑造了古怪灵精、任性蛮横的俏黄蓉，她的刁蛮、任性让很多人吃尽了苦头，大家都很喜欢这个聪慧的少女。女人有时刁蛮、任性一点儿很讨人喜欢，但是过度任性蛮横却让人吃不消。近年来，韩国的许多影视作品被推向中国市场，而目前刮得最强劲的就是女性“野蛮”之风。先有“野蛮女友”，后有“野蛮女教师”“野蛮师姐”，不外乎都是以那种任性蛮横、不按常理出牌的女性形象为主题，让她们的男友吃尽苦头。虽然这样的作品吊足了观众的胃口，但是放在现实生活中，让男人们去选择这种女人做妻子，恐怕得有相当的勇气才行。

四、过于顽固的女人会引起丈夫的不满

顽固的女人一般都很坚强，很有主见，有自己的一套想法和做事的原则，她们更有可能成为丈夫的得力助手，并且在丈夫遭受挫折时能给予丈夫最体贴的关怀，帮助他们东山再起。但是过于顽固的女人则会使丈夫感到厌烦，使本来美满的家庭

生活变得波折不断。过于顽固的女人容易钻牛角尖，习惯了任何事情非要弄出个对错来。但如果最后是自己的错，她们又决不会道歉，在她们的人生词典中，没有道歉这个词，因为她们认为那样会显得自己很软弱。

过于顽固的妻子总是自我感觉良好，不懂得体谅别人，是有点儿自私的女人。这样的女人在婚姻生活中必然会引起丈夫的不满，容易导致婚姻的失败。

女人期望的男性性格

少女在刚开始接触爱情时，可能会被对方英俊、帅气的外表所吸引。但是对于成熟的女性来讲，男人表面的东西永远不能满足女性精神内核中对本质的寻求，也就是说，成熟的女性在选择对方时，更加注重内在的东西，她们要求的是给自己提供一个精神的港湾。

一、沉稳内敛的男人是女人最可依赖的靠山

许多女性对于自己不喜欢的男人，都这样评价："不太成熟，显得轻浮"，或者"孩子气，幼稚"。不沉稳的男人本身就还是一个孩子，怎么可能去照顾别人呢？但是沉稳内敛并不是外表一味地耍酷，一副很严肃的模样。沉稳内敛更重要的是表现在为人处世、待人接物上。沉稳是内在的修养，是具有很强包容心和忍耐力的性格特征。它需要丰富的人生阅历和生活经验，这种类型的男人饱尝了人生和事业的艰辛，懂得珍惜眼前得来不易的成果，也拥有面对将来更多坎坷和挫折的勇气与力量。沉稳内敛的男子很有责任心，也让人感觉可靠，值得信赖。这样的男人是女人最可信赖的靠山，就像阴雨天女人头上的那把伞，也像冬天里女人身上的厚棉袄。

二、意志坚强的男人总能让女性产生好感

意志坚强的男人总能让女性产生好感，因为在她们看来，这样的男人是真正的男人，他们给人强烈的责任感和信任感。女性一般都很敏感，情绪容易受外界的影响，显得多愁善感。她们很容易被周围的环境所左右，本来决定好的事情到时候也会发生变化；她们通常意志不坚强，对于很多事都缺乏坚持到底的毅力。俗话说，女人心，海底针，这句话说的是女人的心思难以琢磨，也是说女人变化得快，前后一分钟都会有所不同。这样的性格特征决定了女人们都希望自己的男友或者丈夫意志坚强，对事情有自己独立的观点和看法，不受环境与他人的影响。

三、事业心强的男人通常都很受女性的欢迎

在女性看来，事业心强的男人更能使自己有安全感。这种类型的男人都很理智，知道自己寻求的目标是什么，他们往往相信逻辑、计划和提纲能解决一切问题。他们对任何事情都能全身心地投入，对工作的专注并不影响他们对爱情和婚姻生活的努力经营。在他们看来，事业和爱情都是他们人生中不可缺少的部分。这种类型的男人常常希望找一个与自己同样独立和专注于工作的女人，这样他们可以保持彼此的独立空间，即使有时分离也不会影响双方的感情。他们对过分依赖自己的女人没有好感，因为他们不希望为了照顾对方的情绪而影响自己的工作和心情。

四、冷静独立的男人是所有女性心中最完美的伴侣选择

性格独立的男人很有吸引力。一般来说，女人更看中男人是不是有自己独立的想法，是不是能独立地完成一件事情。独立性差的男性是不讨人喜欢的。

五、敢于面对挑战的男人最先吸引女性

敢于面对挑战的男人通常都对自己很有信心，任何时候都精神饱满地迎接新事物的到来。他们不惧怕变化，甚至期盼变化的到来，在他们看来，一成不变、死气沉沉的生活才是最无法容忍的。在这种类型的男人身上随时都可能有意想不到的情况出现。他们永远不会被困难压倒，在困难面前，他们从来都是越挫越勇，决不会退缩不前。这样的男人始终生活在不安定的因素中，身上仿佛有着用不完的精力，永不知疲倦。“生命不止，奋斗不息”是对这种性格的人的最好诠释。现实生活中，这种例子也很多。年轻女性在面对事业有成、沉稳内敛的男性和精力充沛、勇于面对挑战的男性时，总是最先被后者所吸引。在女性看来，后者身上有着不能忽视的热情和青春，和这样的男人在一起，自己的心永远都是年轻和充满活力的，而和前者在一起，虽然有着更多的安全感，但是生活容易走向程序化，没有激情。

女人最讨厌的男性性格

一、游手好闲的男人是女性的噩梦

游手好闲的男人不喜欢工作，但他们总是向别人描述自己对未来生活的规划，

这样的男人总是想方设法地让别人相信他们多么不屑于干眼前的工作。游手好闲的男人不喜欢安定的生活，在任何地方都待不了很长时间，甚至渴望去流浪，因为那样才能得到最彻底的自由。这种类型的男人可以和女性生活，但却永远都不想负自己该负的责任，到了压力无法承担的时候，他们就会消失得无影无踪。这样的男人喜欢孩子，也愿意给别人带来欢声笑语，但却不会为孩子的将来打算。他们是女人的噩梦，轻浮、不负责任的举止让女人无法信任。

二、永远长不大的男人像个孩子

这种类型的男人长着一张成人的脸，但却有着一颗童心。他们任何时候都不能独立地完成一件事情，随时随地需要别人的关心和帮助。他们是好人，永远学不会用阴谋诡计害人，但也学不会保护自己和亲人。他们习惯接受别人的照顾和帮助，却永远不懂得其他人也需要他们的关怀和体贴。这种类型的男人更不会顾虑身边人的情绪和反应，不是他们故意，而是他们根本就不懂。他们是没有长大的孩子，而每一个女人都希望找个人来关心和保护自己，而不是想找个孩子来照顾，所以这样的男人是女人最怕惹上的类型。

三、太死板的男人让女性感到窒息

这种男人做任何事情都异常认真，总是有板有眼，按规矩办事。他们习惯于在使用一种新产品之前，仔细地阅读使用说明。约会时，决不能容忍对方迟到，哪怕是迟到了两分钟，他们也会念叨个不停。做任何事，必须按早就规定好的办，如果你有一点儿的变化，他们就会担心不已。他们的生活都有着严格的时间安排，一旦打乱了，就会一整天追悔不已。这样的男人最让女人倒胃口，和他们在一起，女人会感觉自己正在窒息。所以大多数女人宁愿选择身无分文的活泼男人，也不愿选择功成名就的死板男人。

怎样从男人的言行中了解他们的性格

女人最怕孤单，最渴望有个相知相爱的男人陪在自己身旁，所以有很多女人都倾向于把自己的年龄与花朵的开放程度相比。在女人像鲜花一样盛开的时候，她们最常问的是“在我最美丽的时候，遇见了谁”，在花将枯萎，仍然没有赏花人时，她们只能用“朝朝与暮暮，我切切地盼望”来抒发自己孤寂的情怀。对于一个女人来说，拥有一个爱自己和自己所爱的人，就是她们追求的最大幸福。但是怎么能让自己所爱的人也爱上自己，又怎么能对爱自己的人有更多的了解呢？在恋爱的过程中，通过观察身边男人的言行来判断他们的性格，以致判断他们是否适合自己就成了一种技巧。对于正陷在爱河中的女人们来说，掌握这样的技巧也是极其重要的，它能在迷茫、彷徨时帮助你做出正确的决定。

一、约会时经常变化服饰的男人

有的男人在第一次约会时，为了吸引对方，会穿上比平常华丽和昂贵的衣服，而且短时间内，在和你的每一次约会中，都会穿不同的服装，以此希望你能对他产生好感，希望任何时候都有新鲜的感觉。这种类型的男人是对你有好感，并且渴望与你的关系有进一步的发展。他们通常在与女性的交往较深且两人的关系稳定后，就不会再刻意地装扮自己，而逐渐以整洁大方的衣着为主。这样的男人一般是值得信赖的男人，他们尊重对方，通过自己的穿着打扮表明对对方的重视，而一旦关系稳定，他们又不愿太张扬自己，这种举动表明他对你已经很信赖，在你面前，他们很放松，和你在一起，他们很愉快。

还有一种男人，平时是个毫不在乎着装和打扮的人，自从认识你以后，他突然讲究起来，对服饰也在意起来。这说明他对你很有好感，心情很振奋，想博得你的青睐。此时的男人是爱上了你，他们用行动向你表示着自己的情感，所以如果你对对方也有好感，千万不要错过！

二、经常跟你电话联系的男人

电话是重要的交流工具，通过电话虽看不到对方的身影，但却可以及时表达自己的情谊。因打电话时，对方看不到自己的表情，所以比较容易表达出自己的感情，如果面对面交谈，恐怕不敢表达爱意。经常通过电话向女友表达爱意的男人，性格通常很腼腆、懦弱，他们在对方面前说不出来的话，通过电话反而能轻松地说出来。

如果你的男友以前并不经常给你打电话，而最近却天天跟你电话联系，甚至一天打好几次，那么你应该感到开心。这说明你的男友对你的爱意与日俱增，希望和你的关系更加亲密或者有进一步的发展。如果你对对方也有同样的感觉，那么就应该很愉快地回应，但如果他并不是你的“真命天子”，一定要想办法赶快把自己的心意告诉对方，别让更大的误会出现。

三、走路经常拉着你手的男人

走路喜欢拉着女友手的男人，是率直而有个性的人，会很自然地表达自己的情谊。女性如果不喜欢这种举动，不妨委婉地告诉他们，他们一般都会理解对方。还有一些男人喜欢拉着女友的手，是由于他们对少年时母亲的手有一种留恋，这种性格的男人有时有点儿孩子气，还算不上一个真正成熟的人。那种有很强母性的女性，不妨试着与这种男人交往。

四、约会时喜欢听你安排的男人

很多女人不喜欢约会时听自己安排的男人，认为这样的男人缺乏独立性，优柔寡断，不值得信赖。同时她们也认为约会时让女性做主，决定去什么地方吃饭或者进行什么约会节目的男人，是没有诚意和不负责任的人。女性对于这样的男人一般都没有好感或不愿与他们约会。这种说法有些道理，但是女性朋友们也应该全面地观察这些男人。如果一个男人平时做什么事情都很有主见，也很有自己的想法，把自己的事情都处理得井井有条，但是在与你约会时突然变得没有了主见，喜欢问你的感受，那么这种男人是对你很有好感，希望他做的任何事都能让你开心，他已经很在乎你了，一切事都愿意以你的兴趣爱好为主。假如你也不讨厌他，不妨与他多多接触。

五、在想与你进一步亲密时，征求你意见的男人

在约会时，如果男方想有进一步的亲密动作时，总是在事前询问自己的女友，比如说“我可以拉你的手吗？”或者“我可以吻你一下吗？”一般来说，在行动之前向女性征询意见的男性，通常总是做事很认真，很讲究原则的人。他们做事规规矩矩，认真仔细，一些很小的细节也会在意。这种类型的男人通常总是服装整齐，自己用过的东西也总是随手放好。他们的衣橱、家居用品更是整齐、有条理，这样的男人很有女人缘。如果你有“洁癖”，这种男人一定很适合你，他们绝不会乱放东西，给你造成不便。但如果你是个天性无拘无束的人，那么他们可能不太适合你，因为这种男人无法容忍别人的随意和邋遢，婚后很可能与你因为鞋子没有摆放整齐等小事而对你唠叨不停。

怎样判断女人的性格

现实生活中形容女人的词语很多，温柔、善良、美丽、高雅、甜美、泼辣、任性、刁蛮，等等，那么对于男人来说，怎样判断自己身边的女人是什么性格呢?

第一，看面相，通过眼睛和眉毛可以简单地分析。

都说眼睛是心灵的窗口，所以看一个女人怎么样，可以通过她的眼睛。

如果你看她眼睛的时候，她不敢直视，躲躲闪闪，说明她自信心不强。

如果你从她的眼睛里看见的是一汪清水，很纯洁，很清澈，说明这个人内心是干净的，心思比较单纯。反之如果看不出什么，说明这个人城府很深，不是你能够驾驭的。

眉毛形状也可以看出一个人的性格，比如眉毛一般比较弯的人性格比较温和、沉稳。眉毛斜向上或者立起来的人，一般都比较泼辣、刁蛮。

第二，看看她的衣着。

穿暗色的衣服，说明女人属于不易接近的，自我保护意识强，情绪较为消极和排斥。暗色分黑色和灰色，灰色偏向于被动、消极的态度，而黑色偏向于孤傲和自我意识强烈，比较有主见。

穿亮色的，比如黄色、粉色、绿色、红色，都代表女人容易靠近，处于积极的情绪状态。黄色随和，红色活泼直率热烈，粉色关心别人，白色善解人意。

亮色中的紫色和蓝色比较特殊，蓝色属于孤高才女，通常比较有智慧与决策力，自我意识强烈，少朋友；紫色则代表严格严厉，组织能力和决断力强。两者都是女强人型，具有强势、自我的一面。

第三，从聊天和交往中判断一个女人是什么性格。

斤斤计较的女人会为一件小事和你喋喋不休。

高傲自大的女人，一般不会主动和你攀谈聊天，她们对人的态度一般比较傲慢，和你主动聊天会觉得是在降低自己的身份。

冷漠、吝啬自私的女人，一般不会顾及别人的感受和看法，只顾自己就好，自己的利益高于一切。

骄傲嫉妒型的女人，一般眼里容不下身边的人比自己优秀，她们一直想通过自己的地位来引起别人的注意和尊重。

固执迟钝和武断的女人，一般对事情都有自己的看法和想法，一旦想法生成，就不容易改变。她们认为自己的判断是正确的，遇事不会随机应变，所以和迟钝的人交往你应该主动一点儿。

清高和虚伪的女人，一般在消费上从来不会委屈自己。她们靠着光鲜亮丽的外表来吸引别人的注意，看不起穿着普通的人。

粗心马虎的女人，一般性格比较开朗活泼，神经比较大条，一般的小事引不起她的注意。这种人的特点就是豪爽热情，不斤斤计较。

懒惰依赖型的女人，一般只要有人为她做决定，就会慢慢地把这种行为转变成依靠，不想自己伤脑子去思考。

腐败消极的女人，一般每天生活在醉生梦死的世界里，她的大部分时间都消耗在自己的精神境界和圈子里。

生性懦弱的女人，一般比较胆小，遇到事情自己拿不定主意做不了主。

各种血型性格的人的婚姻爱情观

不同的血型有着不同的性格，不同性格的人对待爱情和婚姻自然也有着不同的态度。人们在爱情世界里生活，有的持久平静，有的猛烈如火。平静的爱情和婚姻生活如同一弯清澈的小溪，甘甜而又沁人心脾；炽热的爱情与婚姻生活像熊熊的烈火，让人神魂颠倒，欲罢不能。

一、O型性格的爱情与婚姻

O型性格男人的爱情就如同炽热的大火，他们一旦投入爱河，势必爱得轰轰烈烈，地动山摇。这种性格的人往往具有进攻性。通常是爱情的发动者，一旦选择了自己理想的恋爱对象，就会以大胆、直率的方式向对方表明自己的心意。O型性格的人活泼热情，在他们身上，一见钟情式的爱情比较常见。这种人因为其外向的性格特征，极具语言表达力，知识渊博，幽默热情，所以他们的恋爱，通常比较容易成功。O型性格的人在选择对象时，在意的是对方的才能和突出的个性。他们对容貌的要求不是很严格，通常容易被有显著个性的人所吸引。

O型性格的女性在恋爱中具有浪漫倾向，她们的行为通常富有女性魅力，热情、丰富的情感让她们显得更加妩媚动人。所以O型的女性往往使她们的恋人为自己倾心、对她们爱慕不已。

O型性格的人不太把恋爱和婚姻关联在一起，在他们看来，恋爱的目的不一定是走向婚姻。他们对爱情疯狂地投入，但这并不表明他们一定会与自己的恋爱对象走向婚姻。对他们来说，恋爱与婚姻还有很长一段距离，不能等同视之。

O型性格的丈夫是好丈夫和好父亲。他们总希望得到妻子和子女的最大信任，成为他们最好的保护者。他们的生活能力很强，在家庭生活里是妻子最得力的助手，而不是那种只动口不动手的讨厌丈夫。同时，这种性格的丈夫由于他们本身热情的天性，总是很乐意帮助别人，在沉闷的家庭生活中，总是能给妻子和儿女带来意想不到的惊喜。

O型性格的妻子婚后可能会由以前浪漫可爱的少女变为很现实的家庭妇女。她们对丈夫很关心，是丈夫的贤内助。她们对子女的事情很上心，是典型的“全能”母亲。O型的妻子因其活泼的个性而人缘很好，家里常常有客人拜访。

二、A型性格的爱情和婚姻

A型的男人做事非常谨慎，但在感情上却又十分痴情。A型性格的人通常都有很好的自制能力，往往不善于表达自己的感情，即使在内心他们很爱对方，外表上也不会显露出来。这种类型的男人自尊心很强，害怕被所爱的人所拒绝，因此宁愿忍受感情的折磨，也不愿向对方吐露自己的心声。所以A型的男人有时会错失良机，当机会过去了，他们才追悔莫及。在恋爱对象的选择上，A型的人通常选择那些心地善良、乐观开朗、能理解体谅自己的女性。

A型女性的魅力在于她们的奉献精神。A型的女性事事为对方着想，为了对方甘愿放弃自己的一切。她们乐意满足对方的要求和欲望。在她们看来，能使对方高兴是自己最开心的事。这种类型的女性和O型女性不一样，她们不善于用直接的言语或是行动来表达自己的感情，常常用体贴入微的照顾和默默关怀的方式来表达。

A型性格的人与O型性格的人最大不同在于，前者总是把恋爱和婚姻连在一起，在他们看来，恋爱的最终目的就是婚姻，如果没有什么特殊的情况出现，他们愿意和自己的恋人一起步入婚姻的殿堂。

A型的丈夫责任感最强，对自己的家庭非常重视，把家庭成员的幸福当作自己的幸福，尽忠尽责，为了家庭可以牺牲一切。他们在自己的家里一般比较放松，在家人面前流露出的是真正的自我。他们对于家务也愿意花费心力，对于家庭的人际关系考虑得十分周全和细心。

A型的妻子多是贤妻良母，对丈夫和子女照顾得尽心竭力。她们通常把家料理得井井有条，不需要丈夫插手。但是她们通常不喜欢积蓄，对家庭的花费也不愿太斤斤计较。A型妻子往往善于烹饪，能够做出多种美味。A型妻子要求丈夫绝对忠实于自己，不能原谅丈夫有半点儿的越轨行为。

三、B型性格的爱情和婚姻

B型性格的男人通常容易对身边的女性日久生情，所以他们的爱情常常是友谊的延续。B型性格的男性选择的恋爱对象通常也是身边的同学和同事。但是他们一旦投入爱情，却往往表现得非常狂热，一天不见对方，就会魂不守舍。在恋爱期间，他们常常变得很黏人，总是希望两个人结伴去做什么，这样的性格容易让对方厌烦。B型的男性在遭遇到失恋后，容易消沉，变得心灰意懒。

B型性格的女性往往热情、奔放、豪爽，她们潇洒的性格常常使男性很倾慕。同时B型的女性在恋爱中也很主动，会积极地追求对方，其爽朗、乐观的个性常常使她们容易成功。这种类型的女性天性幽默，爱开玩笑，但是心地善良，不爱捉弄人。

B型性格的人在恋爱和婚姻的问题上与O型的人很相似，认为恋爱与婚姻关系不大，恋爱的结果不一定就是婚姻。

B型的丈夫对家务事通常不愿插手，而是把家庭的一切事都交给妻子，尤其厌烦家庭间的人际关系，对婚丧礼仪等杂事更不能忍受。他们不喜欢做家务，但却天生是个美食家，对于烹饪能无师自通。这种类型的男人对待子女很宽容，常常与自己的孩子像朋友般相处。

B型的妻子性格乐观、爽朗，对丈夫的依赖性不太强，一般都能自得其乐。甚至到了晚年，也是很乐观地对待眼前的一切。B型的妻子对待孩子比较宽容，不太喜欢插手孩子的事，容易养成对孩子放任的态度。

四、AB型性格的爱情与婚姻

AB型性格的男人与他人相处习惯于保持距离，所以在爱情方面，他们不会与自己不熟识的人恋爱，喜欢从自己熟识的好朋友里选择恋爱对象。AB型的男性通常不会主动地追求女性，表达感情的方式也很含蓄。AB型的男人常常容易被外貌姣好、气质优雅的女性所吸引。

AB型的女性温柔可爱，情绪善变。她们有时很天真，有时又会有惊人之举，而正是这种多变的个性常常吸引异性的目光。AB型的女性喜欢刚强、健壮的男性。

AB型性格的人对待婚姻很认真，甚至惧怕婚姻。所以在是否结婚的问题上，他们常常举棋不定。

AB型的丈夫很重视自己的家庭，对整个家庭的事务也比较关心，是妻子得力的帮手。他们通常生活能力很强，对整个家庭的活动也安排得井井有条。AB型的男性对子女要求比较严格，他们一般很好客，但却对繁文缛节感到厌恶。

AB型的妻子对物质生活要求不高，但是她们很在意整个家庭的布置和情调，往往热心于家居的装饰和色彩的搭配。她们对丈夫很关心，不会因为丈夫的成功或失败而改变对丈夫的心意。AB型的妻子对子女的要求也很严格，但她们对孩子的关心和爱护则是非常细心和周到的。

下　篇

气质改变人生——好气质，好人生

篇首语 气质点亮人生

东汉末年，匈奴派遣使节朝觐中原。重权在握的曹操觉得自己身材短小，不足以镇敌，遂请当时的一位美男子代替他来接见，而自己则在一旁持刀侍立。朝觐完毕，匈奴使者回到自己的国都后，对君主说："魏王雅望非常，然床头提刀人，此乃英雄也。"由此可见，一个人的气质对其容貌的影响。

林肯总统被称为全美国最丑的人，但却是当时最有男性魅力的人。他曾说："一个人40岁以前的容貌依赖父母遗传，40岁以后该由自己负责。"可见气质的形成需要后天的培养和训练。岁月流逝，容颜易衰，只有气质长存。拥有独特气质的人，必定具有独特魅力。

在现实生活中，有相当数量的人只注意穿着打扮，不太注意自己的气质是否给人以美感。诚然，美丽的容貌，时髦的服饰，精心的打扮，都能给人以美感，但是这种外表的美总是肤浅而短暂的，如同天上的流云，转瞬即逝。如果你是有心人，则会发现，气质给人的美感是不受年纪、服饰和打扮所局限的。一个人的真正魅力主要在于特有的气质，这种气质对同性和异性都有吸引力。这是一种内在的人格魅力。

气质美看似无形，实为有形。它是通过一个人对待生活的态度、个性特征、言行举止等方面表现出来的。走路的步态、待人接物的风度，皆属气质。朋友初交，互相打量，立即产生好印象。这种好感除了来自言谈之外，就是来自作风举止。气质美还表现在性格上，这就涉及平素的修养。要忌怒忌狂，能忍辱谦让，关怀体贴别人。忍让并非沉默，更不是逆来顺受，毫无主见。相反，开朗的性格往往透露出大气凛然的风度，更易表现出内心的情感。感情丰富的人，在气质上当然更添风采。

许多人并不是靓女俊男，但在他们的身上却洋溢着夺人的气质美，如认真、执着、聪慧、敏锐，等等。这是真正的气质美，是和谐统一的内在美。你也许并没有天生的美丽容颜，但是，只要你用心去培养自己的气质，相信一样会拥有精彩亮丽的人生。

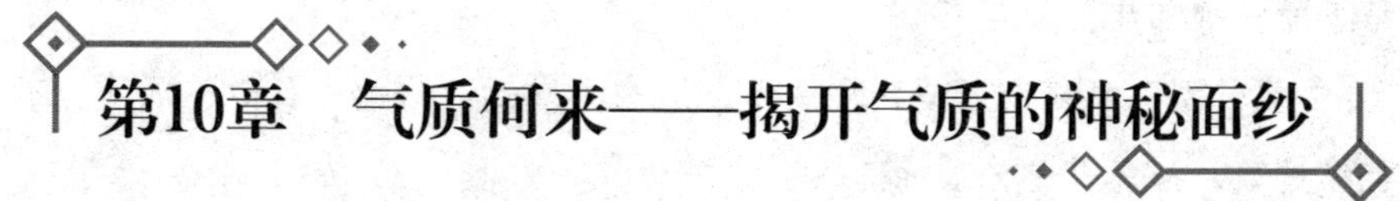

第10章　气质何来——揭开气质的神秘面纱

什么是气质

在心理学的教科书中，给气质下了这样的定义：气质是在人的行为中所表现出的典型而稳定的心理活动动力特征的综合，即表现在心理活动的强度、速度、灵活性与指向性等方面的一种稳定的心理特征。

通俗地说，气质的表现反映在这些方面：情绪爆发是强还是弱？意志是强还是弱？行为反应是强还是弱？对刺激反应快还是慢？动作快还是慢？说话快还是慢？思维灵活吗？注意力集中时间长还是短？情绪和兴趣起伏大还是小？印象保留时间长还是短？是内向还是外向？

这些特征在每个人身上独特的结合，并且稳定地表现在人的心理和行为中，就构成了每个人的气质。

因此我们可以通俗地理解，气质相当于一个人的“脾气”“禀性”或“性情”，是构成人格的基本条件，如俗话所说的某人“脾气不好”，那便是气质问题了。

气质形成说一：气质的体型说

人的气质各不相同，但追究其为何不同，气质究竟是如何形成的，则众说纷纭，因此从古至今人们对气质充满了好奇，孜孜不倦地探索气质形成的奥秘。从希波克拉底的体液说发展到今天，在有关气质形成的各种学说中，有四种学说影响最大。

人的体型有胖瘦、高矮、强壮与虚弱之分，但是这和气质又有什么关系呢？

提出气质体型学说的是德国精神病学家克瑞奇米尔，他认为人的体格与气质有一定关系。他根据临床观察提出了三种类型：

（1）矮胖型：身体短胖，脂肪丰富。这种人活泼、乐观，善交际，感情丰富，易患躁狂抑郁症。

（2）瘦长型：身躯高而瘦，皮肤干，肌肉不发达。这类人孤僻、沉静，不善交际，神经过敏，易患精神分裂症。

（3）强壮型：肌肉发达，体格健壮。好动、好斗、好胜、固执，情绪具爆发性、具有癫痫症特征。

美国医生谢尔顿和心理学家史蒂文斯深受克瑞奇米尔的影响，他们在1942年合著的《气质的差异》中，以健康的正常人为研究对象，将人的气质类型划分为：

（1）内脏紧张型：好交际、情感丰富、随和、动作迟缓、肥胖。

（2）身体紧张型：精力充沛、好动、富于竞争、坦率、健壮、冲动、冒险。

（3）头脑紧张型：不善交际、敏感、多虑、呆板、睡眠差、易疲劳、喜独居。

气质的体型说或许会引起你的共鸣，因为你在自己的同事、朋友、亲人身上，或多或少会看到如上表现。然而这种说法是否科学呢？

现代心理学认为，尽管体型与气质类型之间有较高的正相关，但并不能说明两者之间存在着因果关系。事实上，一个人的体型是会变化的，而一个人的气质相对而言则是稳定的。当代科学还不能有说服力地揭示体格对气质的影响作用，所以体型说是缺乏科学依据的。

气质形成说二：气质的血型说

如今，你已经可以清楚地知道自己的血型，然而仅在一百多年前，人类对自己的“生命之泉”还一无所知，认识是从一例输血手术开始的。

1818年，为了挽救一名因分娩时大出血而生命垂危的产妇，英国妇产科医生布伦德尔成功地操作了人与人之间第一例输血手术。可是，在之后大量输血的临床实践中，事故却接连不断：有的病人接受输血后，可以完全没有反应；而有的病人在接受输血后，却发生致命的反应，出现发冷发热、头痛胸闷、呼吸紧迫和心脏衰竭等症状，甚至因此而死亡。

因此，在很长一段时间内，输血虽被认为是一种挽救生命的良策，却不敢贸然使用。直到1900年，奥地利医生、病理学家卡尔·兰茨坦纳首先揭开了输血反应的谜底。

兰茨坦纳通过对自己及实验室里5位同事彼此血液混合的实验，发现了人类有三种血型（A、B和O），而致命的输血反应秘密就在于这三种不同血型的红细胞和血清相混合而产生的凝集。他依此制成用来测定人类血型的标准血清。只要在输血前预先测定血型，选择与病人相同血型的输血者，就可以保证安全。

1902年，狄卡斯德罗医生对155个正常人重复了兰茨坦纳的实验，发现还存在第四种血型（AB型）。因为这一类血型的人较少（约占人群的十分之一左右），而兰茨坦纳只做了6个人的试验，所以没有发现它的存在。

到了1907年，捷克医生扬斯基为四种血型命名，从此血型有了自己的名字：A型、B型、O型和AB型。其中，O型血被称为"万能输血者"，因为O型血无论输给哪一种血型的人，都不会发生凝集反应；相反，AB型的人，除了同型血的人以外，不能输给任何别的血型的人，但他可以接受任何血型的输血而不致产生凝集反应，所以被称为"万能受血者"，甚至因此被笑称为"自私"的血型。

后来，医学工作者在四种血型基础上发现了15个血型系统，90多种血型，同时发现不同血型的人具有相应的个性和气质。

关于气质是由不同的血型决定的学说开始流行，尤其在日本。日本血型社会学家能见正比古在他的《血型与性格》一书中指出："血型的真正含义指的是人体的体质和气质类型。"

日本心理学家古川竹二提出：

A型血的人消极保守、焦虑、多疑、冷静、缺乏果断性、富感情。

B型血的人积极进取、好活动、善交际、灵活、寡信、多言、爱管闲事。

O型血的人胆大、好胜、意志坚强、自信、爱支配人、不吃亏。

AB型血的人外表为B型，内在为A。

血型说得到了广泛的认同，人们常常用它来推测自己及朋友的气质和性格。随着网络的普及，血型和星座一同成为年轻人所喜爱和关注的话题，在互联网上，有关血型说的点击率总是居高不下。

气质形成说三：气质的激素说

英国心理学家柏曼等人看到内分泌腺的活动与人的情绪及行为有一定的关系，于是提出了气质的激素理论。

他把人分为甲状腺型、脑垂体型、甲状旁腺及性腺型等类别。

甲状腺型者，由于甲状腺素分泌过多，表现出感知灵敏、精神饱满、意志力强的特征。甲状腺分泌不足者表现为冷淡、迟缓、痴呆、被动。肾上腺发达者，表现为情绪易激动、精力旺盛、好动、好斗、有神经质的特征。胰腺发达者常常行动迟缓、喜怒无常。胸腺发达者表现为活泼、好动、反应快、心情变化快。

内分泌腺活动对气质有较大影响，这一点是应当充分肯定的。不过现代生理学研究证明，内分泌腺不是独立地起作用。激素的合成及分泌最终要受到神经系统的控制和调节。因此，片面地夸大内分泌腺的决定作用，也会走向偏颇。

气质形成说四：气质的神经说

在人体的器官系统中，神经系统居于最重要的地位。人的一切心理活动都是通过以大脑为核心的神经系统活动来实现的。

气质是一种心理活动，因此气质是在神经系统的调节、控制下进行的。

气质的高级神经学说用神经类型的特性来解释气质现象，这种观点目前被认为最接近气质本质的一种认识。

19世纪末，人类对自己身体各部分的构造已基本清楚，但对内脏器官和大脑的工作机理却了解很少。因为内脏和大脑都隐藏在体内，它们工作的时候谁也看不见。怎样才能观察到它们的活动规律呢？解决这个难题的是俄国杰出的生理学家伊凡·彼得罗维奇·巴甫洛夫。

巴甫洛夫通过大量动物实验创立了高级神经活动类型学说，他认为人一出生就带着各自的神经动力结构类型，适应着所生存的环境，为其行为方式涂上独特的动力色彩，这就是气质。

巴甫洛夫揭示出兴奋过程和抑制过程的三种特性：兴奋过程和抑制过程的强度；兴奋过程和抑制过程的均衡度、兴奋过程和抑制过程的灵活性，从而将人的神经类型划分为四类：

（1）强而不平衡的兴奋型（不可抑制型）：反应快、准确性差、对新事物敏感、好动、不易控制自己、有较强的工作能力。

（2）强、平衡而灵活的活泼型：反应快、准确、活泼好动、思维敏捷、接受能力强、富于创造性，具有强而稳定的工作能力。

（3）强、平衡而不灵活的安静型（惰性型）：反应较慢、准确、沉着谨慎、踏实肯钻研、但灵活性差。

（4）弱型（抑制型）：反应慢、注意力分散、粗心、工作能力较低。

巴甫洛夫把高级神经活动类型和气质类型看作是同一种东西，他说：“这些类型在人身上就是我们称之为气质的东西。”

他认为兴奋型相当于胆汁质，活泼型相当于多血质，安静型相当于黏液质，弱型相当于抑郁质。然而心理学的发展告诉我们，气质与神经活动类型并不是一个东西。因为气质是心理现象，神经活动类型是生理现象，用神经活动类型解释气质，仅仅为气质的生理基础勾画出了一个轮廓。

认识气质的四大类型

人们对自我气质的了解，以及对他人气质的认识，通常是先从气质类型的划分和气质特征的认识开始的，就好像面对一屋子杂乱无章的图书，我们的整理往往从对图书的分门别类开始。

目前最常用的气质分类方法还是源于传统的古希腊医生希波克拉底的气质学说——将人的气质分为胆汁质、多血质、黏液质和抑郁质四种气质类型。

一、胆汁质的人

感受性低而耐受性高，因此，精力旺盛，不知疲劳，能以极高热情去工作。情绪兴奋性高，抑制能力差，易冲动，心境变化剧烈，脾气暴躁，不易遏制，直爽热情，行为外向。

二、多血质的人

感受性低而耐受性高，言语、情绪、动作反应速度快而强烈，因此，他们活泼好动、灵活、善交际、容易适应条件的变化，机智敏锐，能迅速把握新事物，注意力易转移，情绪来得快去得快，性情急躁，兴趣多变换，不太稳定，行为外向。

三、黏液质的人

感受性低而耐受性高，情绪兴奋性低，明显内向，能在各种条件下保持平衡。做事冷静有条理，踏实平稳，但易循规蹈矩。动作反应慢而不够灵活，注意力稳定，沉默寡言，交际适度。

四、抑郁质的人

感受性高而耐受性低，情绪感受性高，敏感，内心体验深，极为内向，胆怯、孤僻、寡欢、反应速度慢，具有刻板性和不灵活性，易受挫折，防御性反应强，认真、细致、机智、多疑、多虑。

但是，每个人的气质并不单纯地属于某个类型，而是多种类型的混合，只是比较偏向于其中的某一类型。判断一个人的气质类型，应该考察其主要气质和其他气质之间的关系，简单说某个人是什么气质类型则是武断的。

气质与神经活动类型并不相同，神经活动类型是生理现象，气质是心理现象，因此气质是由外在的行为反应表现出来的个性心理特征。

在心理学的教科书上归纳气质特征有如下六个方面，这六个方面实际是从儿童的九大方面气质特征发展而来的：

（1）感受性。指人对内外适宜刺激的感受能力，表示对刺激的敏感度大小。

（2）耐受性。反映人对外界刺激在时间和强度上的耐受程度。心理学的研究发现，感受性低者耐受性高，而感受性高者耐受性则低。

（3）反应的敏捷性。指心理过程进行的速度，如动作、言语、记忆、思维、注意转移等方面的速度，主要通过应时的长短来衡量。它是灵活性的表现。

（4）情绪兴奋性。有的人情绪兴奋性很高而抑制力很弱，有的人情绪兴奋性很低而抑制力很强，这不仅表现了神经过程的强度，而且表现了神经过程的平衡性特点。此外，情绪兴奋性还显示内、外向的特征，有强烈情绪兴奋性的人，往往也有强烈的外部表现。

（5）可塑性。指人根据外界环境的变化而改变自己适应行为的可塑程度。

（6）指向性。指动作、言语、情绪等指向于外还是指向于内，即外向或内向。

是什么在影响我们的气质

每一个人都有自己的气质，那么一个人的气质如何得来？人的气质可以说是由各种因素综合造就。心理学家认为，有八个因素会影响到我们气质的形成。

一、成长环境

我们常说，在不同环境中长大的人身上自然会带有其生长环境的烙印。比如，在农村长大的人常常都会有农村人的烙印，在小城市长大的人会带有小城市的烙印，而在官宦家庭长大的人则会带有官宦家庭的烙印。

二、受教育水平

受教育水平是决定气质的核心要素，包括了礼仪、行为习惯、知识等要素的综合教育结果。

要寻找气质的源头，就要先从根本上找原因。出身于不同家庭背景的人，有着完全不同的气质，而这种气质主要来源就是父母亲的言传身教和家风家训，再加上在成长和学习过程中所接触到的教育资源和同学、老师及长辈灌输给自身的一些观念以及对事物的看法，受教育水平是一个人成长过程中整个社会系统对一个人所施加的影响。

三、阅读和爱好

中国有句古话叫“腹有诗书气自华”，意思就是一个人如果从小在四书五经、唐诗宋词、琴棋书画的熏陶中长大，那么他身上自然会有一种书生气，给人一种文雅的感觉。所以一个喜欢下围棋的人，身上会带有某种静气，因为下围棋需要冷静的思考和布局。一个人的爱好、阅读内容也能够培养他的气质。

三、经历见识

生活中，我们会看到，有些人年轻时并没有什么气质，但是久了却发现他越来越有气质。这跟一个人的见识、经历有关，一个人经历社会磨砺，自己学习成长，对于各种事情了然于胸，自然形成了他自信、淡定、从容的气质，不会因为一点点小事就内心不安和急躁，所以经历、见识也是影响气质的核心因素。

四、习惯

气质的根基就是精气神儿，精气神儿不好的人，气质根本无从谈起，而在生活中任性妄为的人最容易得到的结果就是毁掉自己的生活，然后把所有糟糕的消极面写在脸上。

所以我们可以看到那些由于恶习太多，导致生活一塌糊涂的人往往衰老的速度比一般人更快，而气质也会在那些鸡毛蒜皮的折腾中被消磨得一干二净。

这样的例子在公众人物中可以说是不胜枚举，那些因为吸毒、酗酒、出轨或者赌博等恶习导致事业挫败的人，往往都在短时间内面容衰老、身材走样、失去魅力。

五、价值观

对于金钱、物质的追求到了疯狂的地步，价值观就会扭曲，这些人可能会有一些钱，但难有比较好的气质。有的人为了钱去做一些投机取巧的事，时间长了如果钱来得太容易，他们就会更加浮躁和急功近利，而这种心态就会让人采用一些非常规手段去获取利益。

正所谓相由心生，常年采取非常规手段算计别人的人，由于心术不正，气质也会比较邪性，历史上的司马懿、和珅就属于这种人。

六、思维体系

思维体系是一个人在气质锻造中最为核心的因素，所以那些目光呆滞的人，无论长得再好看，身材再好，也会给人感觉气质不怎么到位；而那些经常用脑，思维条理清晰，遇到事情有主意的人，往往给人感觉更加耐心、沉着和平静，让人觉得更加放心、可靠和值得信赖。

说到底，气质就是后天大脑中所储藏的东西，包括教养、礼仪、经历、勇敢、自信、责任、担当、幽默、暖心……这些都是我们大脑中的记忆，要改变自己的气质，就要从思维结构开始。

七、人的心情、脾气

所谓相由心生，就是一个人内心想什么，外在就会体现出什么。算命的人之所以常常能够猜到人们背后出现了什么状况，不是因为他能看到过去未来，而是因为你的面相表现出了你内心的想法。因此，平和的心态、好脾气和正确的价值观，会使我们的气质更加雍容，也更加坦然和潇洒。

气质无好坏，有优也有劣

严格地说，气质类型并没有好坏之分，每一种气质既有优点也有缺点。以下对每种气质的优点和缺点一一加以说明。

一、胆汁质的优点与缺点

优点：肯定、积极、自立、反应敏捷、竞争性、意志坚定、善于说服、富于冒险、无畏、勤劳、远见、执着、果断、独立、自信、勇敢、坦率。

缺点：排斥异己、专横、不老练、工作狂、鲁莽、好争吵、自负、固执、不善表达、急躁、过分率直、逆反、烦躁、易怒、统治欲、无同情心、好操纵。

二、黏液质的优点与缺点

优点：计划性强、体贴、自我牺牲、坚持不懈、善于分析、规范、完善、规划性强、忠心、考虑周到、深沉、理想主义、有修养、讲究细节、井井有条。

缺点：内向、压抑、过分敏感、不喜交际、消极、不合群、悲观、挑剔、无安全感、难以取悦、忸怩、好批评、勉强、多疑、孤僻、情绪化等。

三、多血质的优点与缺点

优点：无拘无束、主动、生气勃勃、鼓动性、有说服力、擅长社交、喜好娱乐、活泼、受欢迎、感情外露、活跃气氛、可爱、有趣、乐观、开朗等。

缺点：反复、混乱、啰唆、虚荣、幼稚、易怒、放任、轻率、好插嘴、健忘、散漫、善变、好表现、报复、不专注、粗心大意、大嗓门等。

四、抑郁质的优点与缺点

优点：耐性、满足、含蓄、自控性、顺服、平和、适应性强、平衡、知足、善聆听、容忍、敏锐、细致、从一而终、友善、迁就、善外交等。

缺点：妥协、拖延、懒惰、缓慢、言语不清、乏味、缺乏热情、保守、胆小、多疑、嫉妒、胆怯、担忧、冷漠、平庸、不合群、优柔寡断等。

气质与生俱来，也可后天习得

气质是与生俱来，还是后天培养形成的？

古希腊医学家希波克拉底认为人体内有四种液体，即黏液、黄胆汁、黑胆汁和血液。黏液生于脑，黄胆汁生于肝，黑胆汁生于胃，血液生于心脏。他说，正是这四种体液“形成了人体的性质”。

他根据这四种体液比例的不同而把气质分为多血质（以血液占优势）、胆汁质（以黄胆汁占优势）、黏液质（以黏液占优势）、抑郁质（以黑胆汁占优势），这就是“气质”概念的来源。目前最常用的气质分类方法就是源于希波克拉底的“四体液”气质说。

希波克拉底的“四体液说”揭示了气质是随着体液与生俱来的，后来的学者对刚出生的孩子进行了研究，印证了这一学说。

当孩子刚一出生时，有的父母会发现他们的宝宝“很乖很听话，能很快地适应环境，容易护理”；有的父母觉得他们的宝宝有点儿“害羞”和冷淡，因为他们很少表现强烈的情绪，无论是积极的还是消极的；而有的父母则忙作一团，手足无措。因为他们的宝宝爱闹脾气，情绪化，照看起来比较“困难”。那么这些宝宝一出生就表现出来的差异原因何在呢？

专家们通过对刚出生的婴儿开始研究，一直追踪到他们20多岁以后，总结出儿童的气质特征具有九大方面，主要表现为：

（1）活动量大还是小。活动量大的孩子经常被误认为是“多动症”，他们每天睡觉的时间比较短，而清醒的时间却比较长。并且，即使睡着了也不肯安静，总是动来动去，有的小孩甚至还会掉到床底下去。另外，给他洗澡、换尿布、理发、穿衣服、擦屁股等，都使父母非常头疼，因为他几乎没有一分钟安静的时候。相反，活动量小的孩子却很乖、很安静，他们不喜欢户外活动，总是愿意自己静静地待着。要知道，人与人之间在活动量大小方面的差别甚至可以相差400倍。

（2）活动是否有规律。孩子在日常生活中每天的饥饿、睡眠和排便等生理活动是否有规律，比如说，每天的睡觉、醒来、肚子饿、大便等的时间是否相对固定？数量是否相差不多（即时间长短、进食量大小等）？有些孩子从一生下来就很有规律，但另一些孩子则没有任何规律可言。

（3）接受新刺激的最初反应如何。比如第一次见到陌生人是不怕生（趋向）还是哭闹不止（躲避），第一次吃新食物时是趋近的还是拒绝。这种特点对孩子以后的学习和生活有很大的影响。

（4）适应性快还是慢。孩子对首次遇到的新环境或新刺激的适应过程是快、中等，还是慢。这种特点是指适应新事物的过程如何。刚开始在进入幼儿园或小学时，适应性不佳的孩子会感觉很痛苦，但必须学会克制，过了这个阶段也许就好了。

（5）产生反应的最小刺激量。每个孩子的感官所需的刺激量可能很不一样，反应刺激量较低的孩子比较敏感，他们睡觉时周围一定要很安静、没有灯光；尿布稍微湿了就会哭闹不止，要求更换。

（6）反应强度的高低。反应强度较大、哭声响亮的孩子的负面反应也较剧烈，对亲子关系也有很大的影响。家里有个“夜哭郎”对于很多父母来说会烦恼不已，但是，也有相反的情况，俗话说“会哭的孩子有奶吃”，孩子的哭声也吸引了家长的注意力，使他们对这种孩子更为关注。

（7）心境如何。孩子在睡醒后几个小时内表现出的主要情绪。心境较好的孩子，脸上经常漾着微笑，比较招人喜欢。相反，心境不好的孩子则会每天哭闹不止、心情不佳。

（8）注意力分散度。孩子的注意力是否容易从正在进行的活动中转移。注意力问题可以说是一个父母反映最多的问题了。有的小孩刚出生不久就表现出注意力不集中的特点，这种特点是天生的，是他的气质特点之一。

（9）坚持性高还是低。孩子在从事某种单一活动时稳定注意时间的长短。有的小孩坚持性很高，很固执，到商场里他看上了某件玩具就一定要得到，否则不肯善罢甘休；但是坚持性低的小孩做事时则只有三分钟的热乎劲儿，兴趣爱好很容易转移。

宝宝一出生所带来的这九大气质特征，奠定了长大后的气质基础。美国心理学家托马斯曾论述道：“在许多儿童中，这些气质的原始特征往往在随后的二十多年发展阶段中保持。”要想更确切地了解自己的气质基础，建议回家问问自己的父母，你小的时候是“好侍候”还是“不好侍候”？相信答案一定会对你有所启发。

由此可以理解，气质类似本能，例如有人好发怒，有人则平和，这种不同就是气质不同。论其事，都属于本能的冲动。

因此，气质可以说是与生俱来并且相对稳定的，这也就是所谓的“江山易改，禀性难移”。这句话揭示了气质稳定性的一面，但又过于夸张了，因为气质也具有可塑的一面。随着个人的成长，家庭、教育、职业训练、生活经验等各种因素都会影响气质的形成，那时的气质特征就比较复杂了。

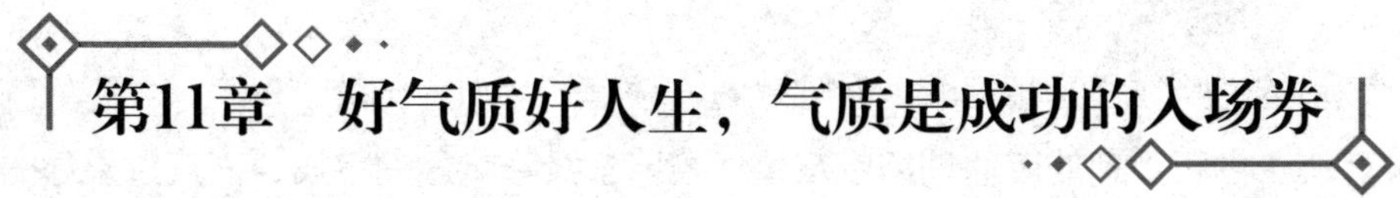

第11章 好气质好人生，气质是成功的入场券

气质的魅力：成功者的标签

商朝末年，周文王心事重重地出门打猎，走到渭水边，发现一老者端坐垂钓，老人须发全白却腰杆笔直，布衣着身，却掩饰不住仙风道骨的绰约气质。周文王被吸引住了，近前再看那钓钩，钓钩竟是直的！且听老者自言：“愿意上钩的鱼就自己上来。”周文王敬为天人，上前与其倾谈，很快就任命其为国师。

这位老者可不是什么退休的糟老头儿在自得其乐。姜太公钓鱼，神闲气定，愿者上钩。如果不是渭水边超然于众人之上的气质和惊人之举，一个无名的八旬老头怎能从如云贤者中脱颖而出，又怎会有后来名扬四海的牧野一战？中国历史上怕是就要少一位未卜先知的智者了。

可见无论何时何地，一个气质出众的人总是更多地被人注意，为人所欣赏，甚至机会也会更加垂青于他。

人们把气质看作褒义词，对它的了解通常是一个混沌的概念。所以常常这么评价：某人有气质，某人没气质。一个没气质的人意味着缺少内涵，一个有气质的人即便混迹于芸芸众生之中，也是鹤立鸡群，绰约的风姿自会超然于众人之上。

大家一致公认小琳是办公室里最漂亮的女人，她的皮肤白皙光滑，标准的鹅蛋脸型和双眼皮的大眼睛比例协调，然而，小琳精致的脸总让人感觉好像缺少了什么，有人说她的眼睛大而无神，有人说她的表情太平淡，有人说她的漂亮让人一览无余反而没味道了，总之看一阵就审美疲劳了。相比之下，小优虽然不算美女，眼睛小了点儿，嘴大了点儿，却透着一股灵慧聪敏，尤其抬头看你的时候双眸炯炯有神，眉宇之间有种脱颖而出的东西，会让人刹那间走神。

于是大家说小琳很漂亮却没气质，小优不漂亮却很有气质。

同样出色，为什么他 / 她获得了升职

气质的影响往往是相互的，你的家庭、教育、性别、年龄、仪表、你所处的地域和环境、你所受到的职业训练以及生活经历都会影响你的气质，而反过来你的气质也会影响你人生的方方面面。

从前的流行歌曲《蜗牛与黄鹂鸟》里，蜗牛对黄鹂鸟说："等我爬上来，葡萄就熟了。"而今天，人们什么也等不及，因为"等我爬上来，葡萄早烂了！"在这种浮躁的心理作用下，的确有人为了升职而不择手段。升职在公平竞争的前提下，有技巧在里头。有时候能力、机遇、耐心、良好的职业道德、平稳的心态，都能成为升职的理由。但是当这一切都具备了，你还是苦苦等不到升职，你困惑了。为什么同样出色，升职的却总是别人？

郭亮和方祺都是光明正大凭实力努力工作的人。他俩同一天进公司，又被分到了同一个部门。工作一年后，他们业绩相当，都干得很出色。到年底聘任之前，全公司都在传说两个人要"升官"。他们也都做好了准备，连下一年度的工作计划都提前完成了。可是，"官"位只有一个，结果方祺成了部门主管，郭亮成了方祺的助手。郭亮心里不服，冲动之下差点儿辞了职。经过仔细的观察和分析并虚心请教同事，郭亮终于找到了他和方祺的差距所在，竟然是他根本没有意识到也想不到的——方祺赢在气质。

一、他有领袖气质，果断，敢于承担责任

公司的制度很严格，大家各司其职。可有一次客户很突然地提了一个要求，而要满足这个要求必须经过部门经理的批准，由于当时联系不到经理，大家都很着急，郭亮更是不断地给经理打电话，因为大家都知道如果不能及时满足客户要求有可能就会丢失这个客户，就意味着公司将承担损失。但是谁也不敢擅作主张，这年头工作难找，谁敢拿自己的饭碗开玩笑。矛盾之中，方祺作了决定，先满足客户要求再说，有什么后果他来承担。在他的领导下，大家有条不紊的工作满足了客户的要求。这件事最后得到了公司的认可，虽然方祺因为擅作主张还是受到了批评，可

他的领导气质给大家留下了深刻的印象。

二、他有明星气质，热情、充满活力

方祺热情、充满活力、主动积极、有冲劲，踏实而又富有激情。在团队活动中，他总是率先站出来，大大方方地表演节目。方祺并不帅，没有明星般出众的外表，但他敢于表现自我，语出不凡，有时候遇到同事生日，他还会制造一些意外的小惊喜，比如买来礼花制造气氛什么的。不过他所做的这一切，并不让人反感，因为他很自然不造作，不哗众取宠，总之在他身上具有一种明星般的影响力。如果活动中缺少了他，同事们就会觉得缺少了气氛，这是相对保守沉默的郭亮所不具备的。

三、他大胆表达见解，控制情绪恰到好处

方祺好恶分明，不优柔寡断，能针对主题，大胆地表达自己的见解。郭亮发现他的见解分寸把握得很好，以说明问题为主，不带情绪，即使遇到阻碍也不冲动，所以很受老板欣赏。同样是敢于表达意见，郭亮发现自己有时遇到阻力会比较急躁，直率地发表完意见，往往伤了不少人。企业需要敢于表达不同意见的人，这样才能为企业注入新的活力，给企业经营方向开阔思路，但同时又需要讲究方式方法，有效率地解决问题。

四、他具有绅士气质，善于倾听，细心体贴

方祺总是能轻松愉快地与人交谈，和谐地与人相处，因此广结良缘，和公司客户也能保持良好的合作关系。女同事们说他很有绅士气质，一同出去办业务，他总是先让女士出门，并为女士拉开车门；一起用餐，他会把别人喜爱吃的菜挪到离那个人近的位置。和他聊天，谈论事情，他总是听的时候多。合作精神是团体领导者的先决条件，方祺恰好具备了这个资质。

同样学识，为什么他 / 她赢得了工作

小卢和小强同住一个宿舍，睡上下铺。小卢仪表堂堂、热情开朗，小强安静内向、略带羞涩。他俩都是学生会的干部，除了脾气不同，彼此学识相当，能力不分高下。

大学毕业前夕，他俩共同获得了一个大型企业的面试机会。然而这次面试，机

会的大门却只向小强敞开了，他最终得到了这个企业的工作机会。小卢感到困惑不已，他认为自己表现得挺出色。那么谁偷走了他的工作？答案就在气质优势的发挥上。小强在面试前，做了充分的准备和分析。他认为自己气质内向，更应树立坚定必胜的信念，因此在面试中将“气质闪光点”发挥到了极致。

在这次面试中，他做到了如下三点：

第一点，沉稳老到、逻辑性强。

内向者平时都有善于思考的性格习惯，因此，在接受面试时，小强充分展露自己遇事不慌、沉着稳重的特点和气质，回答问题时中心突出、层次清楚，用强烈的逻辑性、哲理性语言进行表达，进而使主考官折服。

第二点，内秀不肤浅、富有情感。

许多内向者表面沉默寡言，其实内功深厚、思维缜密，内心世界的情感非常丰富，小强正是如此。在面试时，他发挥自身气质特点，努力把握主考官提问时的意图走向，把自己博学的才气、对人的诚挚和对报考单位的兴趣恰如其分地融入应答之中，自然容易博得主考官的好感和共鸣。

第三点，展示坚韧、表现敬业。

一般的用人单位都喜欢意志坚韧、善于吃苦、敬业爱岗的人。小强正像不少内向的求职者一样，在内向的人生经历中培养了自己坚韧、勤奋和事业心强的优秀品性。因此，在面试时，小强针对主考官的提问，恰到好处地运用自己坚忍不拔、善于吃苦的事例去打动主考官。在回答时，他把握了语言环境和火候，尽量简洁明了，态度中肯。比如，当主考官问到“我们公司的工作很辛苦，你能行吗？”或者“请你谈谈你的优点”等话题时，他都回答得恰到好处。

相比之下，小卢虽然展现出他的积极热情和进取心，但却失于浮躁和轻率，并没有充分发挥出他作为外向气质所具有的闪光点优势，反而因求职心切，对一些关键问题没有把握住火候，因此错失了这次难得的机会。

同样美丽，为什么他 / 她选择的是她 / 他

小倩和小玲同时认识了小林，而且两个女孩都喜欢上了小林。小倩被誉为办

公室里的“万人迷”，漂亮性感，身材傲人；小玲皮肤白净、眉清目秀，容貌也算端庄，但和小倩比起来，自然就显得不那么迷人了。所以，小倩信心十足，男人追她都来不及呢，何况她主动暗送秋波？当然手到擒来。然而事情的发展让人大跌眼镜，爱情的丘比特神箭似乎拐了个弯，绕过小倩直奔小玲而去。难道小林不爱漂亮性感、不在乎外表？

小林当然是暗自通过观察和比较后做出了决定。小倩输在哪儿呢？问题的关键就在于小倩一心强调美貌，却忽略了气质。小玲在朋友圈中的口碑很好，为人处世不急不躁。她的微笑非常迷人，让人如沐春风。她自信从容，举止文雅，谈吐不俗。

一位淑女不只是外表的端庄和柔美，更是内心的通达和淡定。小玲知道从对方的角度出发考虑问题，又懂得把握时机，适可而止。如果男人说他不在乎女人的外表，只在乎内在美，那一定是在撒谎！不过，如果男人只是逢场作戏的话，或许就会只要美貌，毕竟美貌对于男人来说，是构成爱情的第一要件。但如果他认真了，那么只有美貌就绝对是不行的。

气质奠定性格基础，性格决定命运

唐高宗李治害了一场病，终日头昏，有时候连眼睛都睁不开。他本来就懦弱无能，看武则天能干，又懂文墨，索性把朝政大事都交给她处理。武则天权力在握，渐渐不把高宗放在眼里，高宗想干什么都得经过武则天的同意才行，高宗心里气恼，就跟宰相上官仪商量。上官仪本来就反对武则天掌权，于是趁机建议高宗把武则天的皇后废了。高宗是个没主意的人，就同意了，让上官仪起草废诏，却被旁边的太监知道后报告给了武则天。武则天怒气冲冲前来兴师问罪，高宗见到武则天吓坏了，把诏书急忙藏进袖子里，结结巴巴地说：“我本来没这个意思，都是上官仪教我干的。”武则天立刻把上官仪杀了。从此武则天垂帘听政，当时人们并称武则天和唐高宗为“二圣”。

公元690年，武则天登则天楼，大赦天下，改国号为周，自称圣神皇帝。中国历史上诞生了第一位女皇帝。

唐高宗内向、优柔寡断的气质奠定了他软弱无能的性格，而性格决定了命运，他恐怕怎么也不会想到李家的江山会从他的手中让位给了武则天吧。弱肉强食是动物世界的本能，而现实社会则要求人不断完善、充实和提高自己。

每个人都按照自己气质的动力色彩渲染着性格特征，不同气质使同种性格特征有了不同色彩。例如，同样是助人为乐的性格，胆汁质的人表现出见义勇为、慷慨解囊；多血质的人表现出主动、热情关怀和体贴；黏液质的人则表现为暗中相助不去宣扬；抑郁质的人表现为深切同情、尽力而为。这说明气质影响性格的表现方式。

气质还可以影响性格形成的难易。胆汁质的人容易形成勇敢、果断、刚毅的性格特征；多血质的人容易形成机智、开朗、热情的性格特征；抑郁质的人容易形成认真、谨慎、懦弱的性格特征。反之，胆汁质的人不容易形成认真、谨慎的性格特征，抑郁质的人也不容易形成机智、开朗、热情的性格特征。因此你的气质特征会形成你的某些积极或消极的性格，因为气质是性格赖以形成的原始材料。另外，气质的某些特征一旦为自己的经验所补充、巩固，往往会成为与性格难以区分的特征。想要改变性格中的缺点，就要从改造气质开始。

你的气质，影响你的健康

洪飞是个急脾气，他走路疾步如飞，喜欢用手势说话，甚至敲桌子跺脚，还爱瞪眼睛，经常横眉竖眼。他总觉得时间不够用，把自己的工作日程安排得满满的，经常一边干这件事，一边又想着做那件事。手下做事他总不放心，事事都想自己干见手下做得慢或做不好，就心急如焚。他喜欢与人比高低，四十好几了就是同小孩子一起玩，也只能赢不能输。

公司组织游玩活动，他总是缺乏兴趣，不是推辞，就是唉声叹气地参加，大家都说他不知享受生活。去年公司组织体检，洪飞被检查出冠心病。医生说，由于他言行节奏快、性急、易动肝火，争强好胜，总迫使自己处于紧张状态，是最易诱发心脏病的群体。在病理检查时发现，这种气质特征的人，血清胆固醇、甘油三酯的浓度高；毛细血管内的红细胞流动缓慢，易于凝聚；激动和紧迫感使血浆中的去甲肾上腺素增多，心跳加快，血管收缩反应激烈，所以易于造成血栓，促发心绞痛和心肌梗死。据调查，洪飞这种气质行为模式者患心脏病的比例高达98%以上，如果你也是这种气质类型，就要小心了，必须有意识、自觉地改造自己的脾气，才能有益于健康。

《红楼梦》中的林黛玉是典型的抑郁质气质："两弯似蹙非蹙柳烟眉，一双似喜非喜含情目，态生两靥之愁，娇袭一身之病。泪光点点，娇喘微微。闲静时如姣花照水，行动处似弱柳扶风，心较比干多一窍，病如西子胜三分。"她的美总体上来说是带有一点儿病态的让人怜惜、让人心疼的美。这和她娇弱多病的身体状况是分不开的。她"秉绝代姿容，具稀世俊美"，最后却凄凉地死于肺结核，虽然这和封建家族吃人的礼教有极大渊源。据调查，诗人多愁善感的气质，最易使他们患上这种病。

你经常压抑愤怒的情绪，易激怒，好高骛远吗？如果是这样，你要警惕高血压病。

你心胸狭窄、抑郁、带有强迫性吗？那么你会比其他人更容易得结肠炎。

你经常压抑自己的情感，有依赖性和挫折感，或者雄心勃勃、非常有魄力吗？要小心，你容易得溃疡病。

如果你固执、好胜、嫉妒、谨小慎微、追求尽善尽美，偏头痛会时常发生。

如果你习惯自我克制、压抑情绪、多思善愁，将有很大概率患上癌症。

你的气质，影响你的婚姻

婚姻是一个十分复杂而又神秘的二人结构，现实生活中的夫妻之道，并没有一个理想的标准，但是伤害夫妻感情和婚姻关系的行为，有时与个人气质存在很大关系。不同气质类型的人相结合，婚姻状况有很大的差异性，气质是影响婚姻幸福的内在因素。往往相爱的两个人并没有意识到彼此双方气质的差别会影响婚姻生活，他们往往把婚姻的挫折视为爱情的消退。

因爱而结婚是人们追求的理想，但是这样的婚姻又怎么会失败？这是一个难以解答的问题。有的夫妻一天吵到晚，彼此之间没一句好话，却白头偕老；而有些模范夫妻，羡煞旁人，却突然分手，叫人完全摸不着头脑。有一项研究发现，从夫妻的气质表情可断定婚姻的长久。

据称，最伤害婚姻关系的气质表情有三种：一是鄙夷，二是悲伤，三是冷漠。如果夫妻二人有如此表情，则婚姻必不持久。长期活在这三种表情的压力下，不但会带来精神问题，还会招致心脉加速、免疫系统失效。这和美国华盛顿大学的心理学家约翰·戈特曼的研究不谋而合。戈特曼教授从实验中得出了许多出乎意料的结论。例如，他发现愤怒不是婚姻中最具破坏力的因素，因为无论是幸福美满还是关系恶劣的夫妻都难免拌嘴吵架。在他看来，真正的“恶魔”是刻薄的指责、鄙视、诡辩以及沟通障碍。夫妻之间权利的不平等分配对婚姻也有致命伤害。实验表明，大多数妻子倾向于接受丈夫的影响。

例如，一个具有黏液质和抑郁质混合气质的丈夫，往往对妻子要求严厉，容不得半点儿错误的发生。而在这种时候，刻薄的指责就成了常事，久而久之就会导致婚姻关系的破裂。反应敏捷、聪慧过人的妻子，常常不满自己反应迟钝、行动缓慢的丈夫，在反复出现沟通障碍的同时，婚姻的阴影已经悄悄袭来。倘若一方不再相让，后果则可想而知。

婚姻要门当户对才容易长相厮守。所谓门当户对不是指财富地位，而是指教养、兴趣、修养、性格、文化、言语方式等都要相近才可以，而归结在一起就是气质是否相匹配，否则，结局就会是悲哀的。古有“伯牙鼓琴，钟期听之”。这样才能和应，才能擦出爱情火花，说到底是一种思想文化上的相互认同和相互交融。只有在这种基础上，才能将婚姻扩展到彼此双方的家庭和社会背景。

一个动若脱兔，一个静若处子；一个爱看书和思考，一个则放声大唱卡拉OK，不打架才怪。不是说没文化的人就没气质。本书开篇即强调气质是中性的，不代表尊贵和高雅。文人雅士可以互相诗词酬唱，贩夫走卒也可手牵手上街买菜。《冬天的童话》的作者遇罗锦和丈夫坐在山岗上看日落，红霞满天，映照着秋日的枫林。多浪漫的美景！遇罗锦正诗兴勃发，身边的丈夫（农民但很爱她的好人）此时却提出话题：“今晚买什么菜？哪里的菜价便宜？”这个就是气质的矛盾。最后他们还是分手了。

气质的确可以影响婚姻。最好还是平时频频拂拭心中的明镜，莫使惹尘埃！婚姻关系应该是一种友好的竞赛，彼此在气质、志趣、爱好及性生活等方面能够长久地吸引对方，靠的不应该是传统婚姻关系中的戒律，而应该是新型婚姻关系中的自由。这种自由并非无政府主义，而是基于文化和爱情之上的自觉自愿的个人自律，并且，在这种自律的背后，每个婚姻伴侣首先应该努力成为充满个性魅力的唯一。

你的气质，影响你的社交

在人与人之间，有的一见如故，有的“鸡犬之声相闻，老死不相往来”，这中间有个吸引力程度强弱问题。造成人际吸引的原因有以下几种因素：

一、外表因素

真正的人生成功者首先要有良好的气质，这是一种视觉上的标识。气质并非指男性英俊潇洒，女性美丽动人，而是无论做什么或者说什么，往往能够吸引别人的注意。现实生活中，每个人都可能有这样的经验，在宴会上，某个人外貌尽管不是很出色，可是不管他站在哪里，身边总是吸引着一堆人。

一位长相极其普通的中年男子，身体偏胖，头顶微秃，但他从来不认为自己魅力欠佳，相反自认为有一种独特的吸引力，能够让所有与他交往过的人留下深刻的印象。或许正是因为这样想，他好像真的有了一种特殊的亲和力和吸引力，他的言谈举止确实给每一个与他生意上有过往来的人留下了深刻的印象。大家都觉得他为人热情，有自信，是个生意场上值得信赖的人。他的成功就在于他首先有了一个成功的自我认定。

但是本身外貌就长得出色的人，在人际交往上有着先天的优势，因为他们更能轻易吸引别人的注意。

二、能力因素

人们通常都比较喜欢聪明能干的人，觉得与能力强的人结交是一种幸福并感到自豪。为此，不少人愿意与有某种特殊才能的人结为良师益友。能力强的人之所以能吸引别人，就在于他们能完成常人无法完成的事情，能忍受常人无法忍受的痛苦，在他们的身上，有着人自身最宝贵的个性和不怕困难的拼搏精神。1960年，罗马夏季奥运会上，一位美国姑娘给人留下了深刻的印象，她一连夺得100米、200米及400米接力赛三枚金牌，在世界田径史上永远留下了名字。她就是威尔玛。相比体育成绩，她的人格魅力更能让人感动和惊叹。威尔玛幼年曾患肺炎，小儿麻痹又使左腿变得弯曲，脚步内弯，幼年都是伴随着矫正器过日子。艰难的六年努力使她终于拿掉了矫正器，随后积极参加体育锻炼，最终在奥运会上拿下了三枚金牌。对于她来说，这样的成功需要付出多少汗水呀！她身上超乎寻常的意志力使我们震撼，这种超强的能力折射出的迷人光辉不能不令人心向往之。

三、相近因素

邻近性不仅指居住上的接近，还包括在一些学习和工作场合上的接近，如同桌同学、同办公室、同车间的同事，等等，较易形成亲密的人际关系，这是因为生活空间邻近，便于了解。俗话说“远亲不如近邻”，在突然的灾难和巨大的困难来临时，最先在身边帮助你的人，是你的邻居、同事。现代社会，人们的家庭生活陷进了一个孤立的环境中，人们不再与邻居谈天说地，更不会去邻居家串门聊天，很多人可能永远没有兴趣知道邻居的名字和职业。曾经有一幅漫画：邻居两人，紧锁着彼此的大门，但却在网上热烈地聊天。他们都需要交流，但却因为各种各样的原因，不愿考虑周围的人，而宁愿相信互联网另一端的陌生人。

四、相似因素

人们倾向于喜欢在某方面或多方面与自己气质相似的人。“物以类聚，人以群分”，这句话言简意赅地表明了人际吸引中的相似性作用。相似因素存在于民族、年龄、学历、社会地位、职业、兴趣、观点、修养等方面。相似的人更容易找到交流的共同平台，无论是去做什么事，或者谈论什么问题，他们总能找到一致点。任何两个人开始交往，都是从双方拥有共同点开始的，正是因为这种共同点，双方很自然地成了朋友。这种情况在日常生活中经常看见，比如男性有自己的棋友、球友，甚至酒友、侃友，等等；而女性有自己购物时的搭档，也有自己一起做美容的朋友，不管是什么种类的朋友，他们都是对某件事有着相似观点的人。

五、互补因素

在人际关系中，人们往往还重视虽与自己不同但能气质互补的朋友，因为彼此可以取长补短、各得其所。气质不同的人，在交往中可能彼此吸引，因为根据人有追求完美的天性，清楚地知道自己的短处和长处，所以在交往中，会更注意与自己不同的人。互补因素在婚姻关系上更为突出，胆汁质的人很可能与抑郁质的人互补；性格恬静的人很可能与活泼好动的人互相吸引。气质互补型的婚姻更坚固。一个性格暴躁的丈夫与一个同样性格暴躁的妻子，他们的婚姻质量可想而知，必然天天吵闹。相反，一个性格暴躁的丈夫和一个性格温和的妻子在一起，吵闹几乎没有，因为温和的妻子总能在丈夫心情不好时，温柔地相劝或者默默地躲开，这样的环境，丈夫生气也持续不了多长的时间。

你的气质，影响你对环境的适应

心理学家曾经做过一个小测试，安排四种典型气质类型的人到剧院去看戏，他们到了剧院门口时，却被检票员告知要比票上的时间推迟15分钟才能进去。这时，心理学家观察到胆汁质的人非常气愤，和检票员发生争执，并想闯进场去；多血质的人对检票员表示理解，但随后找了个不用检票的入口进去看戏；黏液质的人也表示理解，同时自我安慰，第一场总是不太精彩，先去买点儿吃的休息一会儿，等幕间休息时再进去看也不迟；抑郁质的人则十分沮丧，本来就有点儿后悔不该来看，现在则想自己运气不好，如果看下去还不知会有什么麻烦，索性掉头打道回府。

主管小陈很有才华，做事认真严谨。因为他自己认真，所以也不允许别人马虎。他最不能容忍的就是出错。有一次，他让同事小余去开张发票，将金额抬头都交代得清清楚楚，可小余还是不小心把日期开错了。尽管小余马上道歉并重开了一张，小陈还是非常生气，当着办公室大家的面批评了小余一通，小余气得脸都发白了。其实小陈平时不是个脾气暴躁的人，相反，还挺内向谨慎。但是他的那股认真劲儿，有时令周围的人有点儿难以接受。这往往导致他缺乏平等的待人态度，很难与人沟通。

从上面的事例不难看出，不同气质类型的人对环境的适应是不同的。

一般说来，多血质的人能以机智灵活的方式适应环境。黏液质的人能克己忍耐，也易于适应环境。胆汁质的人遇到挫折不够冷静，易激怒、冲动暴躁，甚至导致攻击性行为，并因此产生不良的后果。抑郁质的人敏感脆弱，容易受伤害，受挫折后更加孤僻、怯懦，也不易于适应环境。

你的气质，影响你的活动效率

气质对实践活动的效率有明显的影响，胆汁质和多血质的人在做某些要求迅速灵活反应的工作时效率就比黏液质和抑郁质的人高，而在做要求耐心细致单调专一的工作时，多血质和胆汁质的人就难以适应，其效率不如黏液质和抑郁质的人。

比如，运动员刘翔就是多血质的气质，他具有迅速灵活爆发力强的特征，而田亮就偏向于黏液质，对于要求耐心细致专一的跳水训练效率很高。这种影响，其深层次根源在于不同气质的人社会动机不同。

社会动机涉及社会心理和社会行为的动力问题。动机的“特征”也可以称为“品质”，即气质。例如，注意事项的广度区别，在同一瞬间能把握多少个项目？注意到一件事物，由于情况变化，是否会转向另一个注意目标？

如果你是个很快就会受影响而转移注意力的人，你的活动效率自然就要比别人更低。又比如，在思考时，你的准确性、敏捷性、清晰度高不高？清晰度的高低表明你在意识程度上的高低，凡事“预则立，不预则废”，对于想干的事如果主观意识上不能够想得清楚，干起来就会缺乏成效，效率低下。通常气质的差异会影响思考问题的清晰度，一个黏液质的人相较胆汁质的人思考时逻辑更为清晰，更富于理性，但胆汁质人思维的敏捷性要高于黏液质。

气质的差异，将会影响社会动机的强度。比如，你很想减肥，但在减肥的过程中受到了阻碍，因为你不喜欢节食，那么是就此罢休，还是继续坚持？还是坚持一阵又放弃？抑或坚持到底，不实现减肥不罢休？通常胆汁质的人果断性高，而黏液质的人坚韧性强。如果不能改变自己气质特征的缺陷，那么你的活动效率就将永远受气质缺陷的影响。

你的气质，影响你的事业

机会不待你，失去了就难再来。如果你对自己缺乏自信，甘于平庸，那注定只能过平庸的生活。也许，你充满了斗志，渴望进取，但却没有意识到气质缺陷拽住了胳膊，挡住了前进的步伐，使事业一再受挫，而你却对此一无所知。影响事业成功的最基本的三大气质特征是进取、坚韧、行动力。因为只有行动，梦想才会成为现实。没有行动，一切都不存在意义。

一、进取

卡耐基说过：“有两种人绝不会成大器，一种是除非别人非要他做，否则绝不主动做事的人；另一种则是即使别人要他做，也做不好事情的人。那些不需要别人催促，就会主动去做应做的事，而且不会半途而废的人必将成功。”

审察你的气质特征，看看自己是否具有强烈的个人进取心。一般来说，多血质的人表现出比较强烈的进取心，但却缺乏坚强的意志力。黏液质的人把自己的进取心隐藏在沉默的外表下，默默地追求着，当机会来临时，他们又迟疑了，现在改变真的对吗？他们缺少的是果断。抑郁质的人通常较为缺乏进取心，他会对自己说，人的最终结局都一样，努力有什么用？个人进取心，是实现目标不可缺少的要素，它使你进步，并给你带来机会。一个没有进取心的人是没有未来的。

二、坚韧

享誉国际的半导体教父张忠谋，改写了整个业界的游戏规则。在他创业的头三年里，订单很少，产品销路无法打开，让张忠谋十分头疼。公司在美国的办事处更是捉襟见肘，唯一的一位业务代表一年多都没有带来客户，公司几乎要支撑不下去了。面对这样的困境，张忠谋感到失望，但他没有放弃，认为人生因为有挫折才有自我更新迭代。每个人都应该设定目标，坚忍不拔地实现目标，决不放弃。后来，公司的契机来自英特尔，在领教了英特尔的仔细、挑剔的同时，张忠谋的品质观念最终使他拿到英特尔认证，开始在市场上畅行无阻。在化渴望为财富的过程中，坚忍不拔是重大要素。

坚忍不拔的意志力体现了一个人的成功素质，有所成就的人大多都具备极强的意志力。坚忍不拔对于人格的重要性，正如碳之于钢铁。

三、行动力

一位咨询师时常在演讲会上问他的学员：“在座想要成功的请举手！”学员们都举手。咨询师说：“想增加收入的请举手！”学员们也举手。咨询师又说：“想让自己更幸福、让家庭更美满的请举手！”学员们还是举手。咨询师说：“目前已经统统做到的请举手！”大部分人都没有举手。咨询师问学员：“既然你那么想做到，为什么没有实现呢？”学员们回答因为害怕失败，害怕被拒绝，不敢行动。咨询师说，假如你不行动，你会成功吗？不会。你不去拜访顾客，业绩会提升吗？不会。既然知道不会，为什么还是不动？关键就是因为你们的恐惧胜过了你们可以得到的成就感和快乐。

仅仅制订计划却不执行，计划永远都只是空想。你期待收获的也就只能是一个美丽的泡影。当你回首自己的失败时，你遗憾地对自己说："如果当初我做了，现在就不是这样了！"定下目标，坚忍不拔地去执行，决不放弃，将会收获巨大的成功，而经不住考验的人则一无所得！

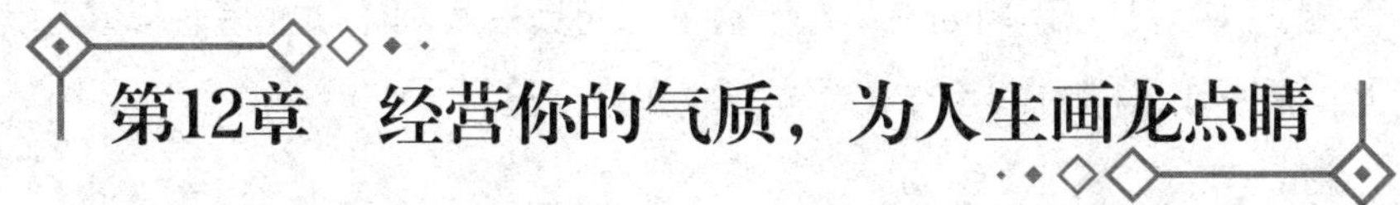

第12章 经营你的气质，为人生画龙点睛

气质在心不在身

气质虽然是通过外在行为表现出来的，但外在行为所反映的本质却是一种心理的动力特征。因此，应该从内心改造气质，这是一个由内至外的建造和释放的过程，应通过对信念的合理培养、对情感的真诚积极应对来培养良好的气质和独特的修养。观念决定行为，行为决定习惯，独立和创造性的思想则决定了观念。

一、思想

从以下两个考试题目可以很清楚地看到思想的差异和力量。

有一道中国的历史题是这样的：元太祖成吉思汗的继承人窝阔台，在公元哪一年去世？他最远打到哪里？（考过这道题的人到现在都记得，最远打到匈牙利旁边的亚得里亚海岸。）

但是美国世界史的考题是这样的：成吉思汗的继承人窝阔台，当初如果没有去世，欧洲会发生什么变化？试从经济、政治、社会三方面分析。

有个学生这样回答：窝阔台如果当初没有去世，那个可怕的黑死病就不会被带到欧洲去。如果没有黑死病，神父跟修女就不会死亡。神父跟修女如果没有死亡，就不会怀疑上帝的存在。如果没有怀疑上帝的存在，就不会有意大利佛罗伦萨的文艺复兴。如果没有文艺复兴，西班牙和南欧就不会强大，西班牙无敌舰队就不可能建立。如果西班牙不够强大，意大利不够强大，翁哥龙萨克斯会提早200年强大，日耳曼会控制中欧，奥匈帝国就不可能存在。

教授一看，称赞并给了全班第一名，认为分析得好。其实这种题目教授是没有答案的，但要求大家都要思考。

举这个例子是为了说明，我们从小所接受的教育，相对局限了我们的思想和创造性思维，而我们大多数人在后来的工作中，并不习惯于主动地、创造性地发挥自己思想的力量。然而思想的力量是最强大的，同时思考的方式决定了一切，哪怕一点点的差异，都将造成不同的后果，体现在一个人身上，这种差异就放大到家庭、生活、事业、人际交往等不同的人生际遇了，而其根本则体现在思想以及思考方式的差异上。采取什么样的思考方式，选择权在你自己。

二、知识

还有一个不能忽略的力量就是知识。知识需要不断地补充和更新，电脑奇才比尔·盖茨在如此成功的今天依然努力学习，使他的事业“一定要进入更高层次的操作系统”，他说：“我们有责任满足用户需求，推出更高性能的产品。我们非常认真地看待这个问题，要不然，我们不会每年投资27亿美元，专用在研究和开发上。”

要实践人生的核心目标，就要以广泛的知识来构成自己应付社会、事业、婚姻、健康的力量。李涛从事旅行社工作，努力20年，没有太大的成效，经营一直停留在半死不活的状况。他非常适合做旅行社这一行，但他的专业知识完全停留在10年前的水平。他明白自己没有做到与时代同步，曾招聘过一位专业人士为他工作，专业人士建议安装电脑，建立现代化的管理。他想，正因为是营业情况不好才找专业人士，找个专业人士是为了靠他来赚钱，他一来就要装电脑，岂不是又要花钱，所以他立即把人家炒掉了。当朋友告诉他必须学习新知识时，他还是老话——既没钱，也没闲。但他却没有想到，正因为没有知识才会没钱没闲。要改变没钱没闲的局面，首先要学习，积累知识，积蓄力量。

知识改变命运，知识对于一个人就如同迷雾封锁的大海中央那盏指明方向的灯塔，它使你心智澄明，看清自己前方的道路，在挫折与诱惑中坚定目标，充满勇气地不懈追求。它使你在海底迷宫一般的信息世界中保持清醒的头脑，坚守着自己独立思考的能力，辨别是非，不会因琐屑繁杂的事物而阻挡自己前行的步伐。

三、修养

缺少文化修养的“美”，缺少气质内涵，如同案台上的花瓶，无法真正打动人心。举例来说，经常可以看到一些相貌长得不错的中国模特登上舞台，可优雅的气质不足。要成为一个优秀的模特，仅仅看上去与众不同是不够的。许多著名的模特并不是天生丽质，但是她们知道如何掩饰缺陷，表现出良好的精神面貌和独特气质。所以，中国模特行业被误认为是“吃青春饭”的行业。可事实上，国外40多岁的模特比比皆是。

不能说受教育程度高、文化水平高，气质就一定优雅高尚。但如果缺少教育带来的文化修养，一个人就很难期望自己真正拥有美好的气质。

四、文质

有些人天赋异禀，可惜学识不够，以至连一封信也写不好，但做得很好，对社会国家蛮有贡献，文字功底虽然差点儿，可是也没有关系，他有气魄，有修养。另一些人文章写得好，书读得好，诸如文人、学者，但不通人情世故，令人啼笑皆非，反不如前者，学问不高，文字不通，但是很聪明，一点就透，这是“质”。

有文未必有质，文与质的和谐才是良好气质从心灵到外表的统一。

气质经营是成功人生的必修课

气质可以经营吗？答案是肯定的。经营气质意味着你要将气质看作是自己的一个事业。

其实气质的经营过程，可以通过举一张专辑的制作经营过程来示范：从策划、定位到选歌、编曲、配唱、和声、混音，几个步骤下来，一张专辑就出来了。当然，紧跟着还有大量包装、宣传的工作要做，如专辑封面设计、发行、宣传攻势、MV制作、打榜等，功课多着呢。

策划定位是最重要的。气质的定位要以自己的特点为基础，将你的气质特征突出化、明显化。比如你很开朗外向，不妨将自己的气质定位成阳光型，就好像明星中的“偶像派”一般，走的是青春路线，瞄准的听众群也是小女生小男生一类。比如你内向沉稳，可以将自己定位在绅士气质，展现自己彬彬有礼的风度、细心体贴的内涵。或者你知识面广，很有才华，可以将自己定位在书香气质或艺术气质，突出你学识渊博的功底和与众不同的眼光，如同明星中“实力派”的真功夫：唱功、音质、音域，要揣摩情绪的把握和技巧的运用等。

气质的经营，表面功夫固然重要，但最重要的还是内心。任何不真诚的东西都不能长久，艺术却可以永恒，这是因为艺术以心换心。在真心面前，所有技巧其实都是细枝末节，而做作的技巧就显得非常丑陋。过于锤炼技巧容易背离心灵，如果缺乏真诚，技巧就会像骗人的伎俩，终会被人识破。

真诚胜过一切。有一次某喜剧演员上《明星三人行》，大家都以为她肯定是来搞笑的，没想到她主动跟主持人说：我想谈谈对婚姻爱情的体会。结果她讲得很好，甚至讲出离婚后她曾经想过自杀。好多人记得这次节目，北京的某报纸居然全文刊登了她讲的话。所以假设她给观众讲了几个笑话，学了学东北话，那就不过又是一个逗观众傻笑的常规节目了。

很多从事创意工作的人越来越觉得挑战大了，他一构思，就把观众当成要对付的对象，要征服的敌人，而没把观众当成跟自己一样的人，以为自己知道观众是些什么人，知道这帮给啥吃啥的人要的是什么就行了。可问题是观众的胃口越来越刁，吃过一次的东西就不想再吃，招儿都用完了！其实不是观众太苛刻，而是这种用“招儿”来对付观众的态度根本就是错误的。就像交朋友，谁会把整天琢磨我、讨好我、算计我的人当成好朋友呢。可能，观众就像你的朋友一样，他们需要的不过是你的真诚。

往往你越想着观众爱听什么就说什么，观众就越不想听你说；而你不管别人，只想着自己爱说什么，反而观众会凑过来听。主持人与观众的关系，就像两个人交朋友的道理一样。我口道我心，这才是交友之道，同样这也是经营气质之道。明白这个大前提，我们才能将气质的独特力量化作前进的动力。

经营气质要掌握四个基本原则：突出你的独特性、发挥你的影响力、提高你的吸引力、增强你的竞争力。

定位气质，突出你的独特性

定位气质，养成个人风格，并持久地稳定这种风格，才能突出自己的独特性。

这和市场定位的道理是一样的，无论是一件产品、一个品牌还是一家企业，在市场同质化的今天，针对细分市场，找出差异化的卖点，是成功的基础。比如可口可乐与百事可乐，产品是同样的，97%都是糖水，但它们都非常成功，各有各的受众和定位。可口可乐和百事可乐总是找当下最时尚、最有个性的新一代巨星来做广告，塑造了更加时尚前卫的品牌形象，获得新一代的青睐。如果品牌面目模糊，那么目标受众就找不到它们，更谈不上对这个品牌喜爱与忠诚了。

同理，你也应该找出你所喜欢的气质风格，比如从领袖、财富、书香、艺术、幽默……从衣着或是爱好着手，哪怕是与众不同的小习惯也好，养成自己的气质特色。年轻时你可以不断尝试、不断改变，但是到了一定时期，比如30岁，你便要明确地建立个人气质风格，一位男士或女士在事业中途改变自己的形象，就会让人觉得很不可靠。你喜欢穿西装吗？那么就把西装当作你的商标吧！办公桌上摆些鲜花会令你工作更有效率吗？那就每天都摆些鲜花吧！希望突出自己的知性气质吗？那就不断地阅读学习，并在着装举止上表现出知性的特性来。总之，要突出自己的独特性，并把这种独特性建立自己稳定的风格“商标”。

投资气质，提高你的吸引力

根据吸引力法则，人总会吸引气质相近的人。那么如何提升自己的吸引力，主要看气质！

一、人际气质

经营你的气质，有助于你建立自己的人际关系网，因为每个人都欣赏和喜欢气质出众的人，都希望结交出色的朋友。如果工作多年仍未建立起牢固的人际关系网，那你就有麻烦了。这个人际关系网包括你的朋友、亲人，最低限度包括所有可以互相帮助的人。这些人有的是你的同事，有的受过你的恩惠，有的你倾听过他们的问题，有的你和他们有着相同的爱好。人际关系网不是一朝一夕就能建立起来的，它需要几年甚至十几年的培养。一个人在事业上、生活上的成功其实如同一个政党的成功，你要有许多人脉散布在适当的地方，你可以依赖他们，他们也可以依赖你。

二、沉默气质

因说话不小心而自毁前程的人，比因为任何其他原因而失去成功机会的人都多。要学会保持沉默而让人觉得你很机智——别人自然以为你知道的比表面上的还多。别讲别人的闲话，别谈论你自己的大计，守口如瓶所赢得的声誉远比讲人闲话所带来的东西更加珍贵。你在事业上越成功，这一点就越重要，沉默睿智的气质必将辅佐你走向事业的成功。

三、忠诚气质

如果你已近中年仍未能建立起坚如磐石的忠诚信誉，这一缺点将会困扰你一生。不忠诚的恶名必然会使你在事业上处处不受欢迎。你不能靠暗箭伤人爬到事业的顶峰，而要靠在早期树立起来的真诚刚直和不可动摇的声誉。青春时期，忠诚只是投资；中年以后，你会作为一个可以信赖的人收到忠诚的回报。

渲染气质，发挥你的影响力

影响力是一种特有的魅力，时时刻刻影响着周围的人，并且能给予对方一种神奇的力量，甚至可以影响身边的人一生。

拥有影响力的人，往往是社会中最有气质魅力和成功素质的人。

对任何人来说，如果渴求成功，或者想要正面地影响身边的人，首先必须立志成为一个有影响力的人。一个有强大影响力的人，身边总会有很多朋友，因为人们总是不自觉地受到他的吸引而追随他；一个有强大影响力的领导，做起事来总是感觉到轻松自如，下属也总是心甘情愿接受他的领导；一个有强大影响力的员工，不但更容易被领导所赏识，轻松地让领导接受自己的建议，而且也能广泛地影响其他同事……如果你正走在追求成功的路上，那么请你赶快叩开影响力的大门，跨出改变命运的第一步，每一个渴望成功的人，都应该注重自己影响力的修炼。

许多人的成功经验告诉我们，无论从事什么工作，从政、经商、经营、管理还是做学术，无论你是企业家、管理者还是普普通通的员工，如果想取得成功，就必须从培养、实践自身的影响力做起。

当然，对于一个人来说，影响力从弱小到强大是需要过程和时间的。人们一般首先接受的是自己所见所闻的影响力。对大多数人而言，他们认为你值得信赖，拥有令人敬佩的品格和征服人心的气质，那么他们会把你当成他们生命中有影响力的人。他们对你的认识越深，你的信用越好，那么你的影响力提高得就越快。

当你拥有了自己独特的气质风格，就不要吝啬表现和发挥。发挥影响力的效用，就如同现在无所不在的广告一样，有着相同的原理。酒好就怕巷子深，藏着掖着，那就等着熬过有效期吧。

不过，同样是广告，也有高明和拙劣之分，有的广告俗不可耐，虽然把产品卖出去了，但同时也毁了自己的品牌美誉度。给自己做广告，应该巧妙地运用个人气质的吸引力，由内至外，潜移默化。

是的，每一个人都能够拥有影响力，那就让我们尽情地发挥、运用影响力吧，让影响力成为我们人生道路上追求成功的跳板。

强化气质，增强你的竞争力

如果一个人拥有突出的气质，并能够合理有效地发挥这种气质风格的影响力，不断通过完善它来提升自己的吸引力，那么就没有理由不具备能在竞争中获胜的战斗力。在这里突出强调三点气质。

一、先天气质：把精力投在自己喜爱的方面

尊重自己的先天气质基础。明白自己的短处，承认有些事情你的确做不好，或者不愿做。如果你先天就讨厌数字而喜欢创作，那就不要因为待遇高或顺从别人的期望而强迫自己做与数字相关性高的工作。了解自己的长处，你应该知道自己擅长什么，并且清楚你所喜欢做而又做得比别人好的事情是什么。不管你目前担任什么样的角色，知道自己的长处对成功很重要。在人到中年之前，一定要投入到你所喜爱、所擅长的工作中去。否则，将来的生活可能会是郁郁寡欢的日子。而且，真正的成功可能因为活力的消退而丧失。

二、专注气质：学会本行业所需要的一切知识并有所发展

已故零件大王布鲁丹在他35岁时，已经成为零件行业的领袖，并且组建了年收入达千万美元的海湾与西部工业公司。

每个人在年轻时都可能彻夜不眠、刻苦攻读，这在20岁甚至30岁都没有问题，但到了35岁，就不应该再为学习基本技能而大伤脑筋了。35岁之前是一个人从事原始积累的阶段，35岁之后就应该勃发了。

三、坚强气质：良好的心理素质将取得成就

美国心理学家曾追踪研究了1500名智力超常儿童，经过30年之后，发现他们当中有的成了社会名流、专家学者，有的却穷困潦倒、流落街头，对这两类人的智力和人格特点进行分析的结果表明，他们结局不同的主要原因不在于智力，而在于人格气质的差异，尤其是意志品质方面。成就最大的人具有自信、自强、谨慎的气质和品质，有承受挫折的能力，而那些智力平常却有坚强意志和优良品格的人，也同样能取得惊人的成就。

现在，社会竞争日益激烈，没有良好的心理素质，就失去了竞争中强有力的支柱，很容易被摧垮。据美国心理健康资料中心统计，近几年，美国产业界有关人员因在竞争中心理压力过大导致生产力下降，从而造成的损失每年平均达170亿美元之巨。

最后，在感情生活方面要平和安定。在完善自己、攀登事业的高峰时，如果私人生活不愉快，陷入感情危机，对你会产生很大的干扰，甚至会逐渐令你对别的事物失去兴趣。那些私人生活已经平和安定的人，一般都比生活动荡不安的人有更大的机会获得成功。因此，如果你想结束一段没有结果的恋情，或者你想和女友或男友结婚，那就赶快行动吧。

发挥气质的优势，创造美好的人生

气质类型受遗传因素影响较大，就像我们的长相、身高一样，我们只能后天加以修饰，很难改变其先天的特性；气质与心理活动的动力特征有关，是神经系统最基本的特性，而与心理活动的内容无关。例如，胆汁质的人，通常情况下，无论做好事还是做坏事，都会表现出行动敏捷，精力旺盛，不会因为是坏事而拖拉，或行动迟缓。

俄国四位著名的作家中，普希金为胆汁质，赫尔岑为多血质，克雷洛夫为黏液质，果戈理为抑郁质。他们是气质类型截然不同的人，但同样在文学创作上取得了杰出的成绩。

随着年龄的增长，特别是社会生活环境的改变和教育及家庭等各种因素影响，气质可以发生不同程度的变化。为了更好地适应生活、工作和学习的需要，了解自己气质存在的缺陷，发挥气质的积极方面，改造或克服气质消极的一面具有重要的现实意义。

那些成就突出的人，他们的成功在于他们的天赋、勤奋和创造，他们放大自己好的一面，同时也不断纠正自己的缺点。因此首要一点，你要清楚地认识自己的气质缺陷在哪里，有针对性地进行调整。

如果你的胆汁质成分多一些，就要发扬自己豪放进取的一面，防止自己冲动、任性、粗暴的一面；鼓励自己养成坚韧、镇定、沉稳的品质，遇事要沉着，做事要持之以恒，不断学会自制，培养富于理性的勇敢进取、大胆创新等。

如果你的多血质成分多一些，则要发扬自己热情、善交际的长处，但要克服做事粗心大意、虎头蛇尾的毛病，培养形成稳定和有毅力的品质，严格要求自己，养成做事有计划、有目标、有要求，不能使自己感到无事可做。要培养自己有稳定的兴趣，发挥自己热情奔放、机敏灵活的品质，要求自己在学习、工作和生活中不要心猿意马、朝秦暮楚，做事要专心致志并敢于面对困难。

如果你的黏液质成分多些，是个安静、稳重、注意力稳定、善于忍耐的人，就要发扬自己踏实、顽强、自制的长处，防止自己墨守成规、谨小慎微、缺乏进取、固执己见等不良品质的蔓延，应该鼓励自己多参加集体活动。当学习和活动的任务交给自己时，要求自己独立完成。要多给自己活动机会，主动探索新问题，让自己更加生动、机敏、灵活，否则会影响合作能力的发展。

如果你的抑郁质成分多些，做事细心，善于觉察别人不易发现的细节，则要发扬自己机智、敏感、细致、自尊的一面和善于思考的优势，树立自信心，提防怯懦、多疑、孤僻的一面，克服忧郁情绪，大胆勇敢地承担工作重任，锻炼自己在公开场合发表意见的勇气和能力。

第13章　超群卓绝，统帅群伦——经营你的领袖气质

什么是领袖气质

在任何一个团体中，小到几个人组成的办公室，大到一个集团，总会有一个人充当着核心的角色，具有说服他人、引导他人的能力。他的言行能够被团体认可，并指引着团体的决策和行动。我们可以把这种人所具备的人格魅力称为“领袖气质”。领袖气质的某些特质，在所有领域内——商业、体育、艺术、学术界——是共通的。

研究领导能力的杰伊·康格把领袖气质定义为一系列行为特质的集合，这些行为特质能让他人感受到一种魅力，包括发掘潜在机遇的能力、敏锐察觉追随者需求的能力、总结目标并公之于众的能力、在追随者中间建立信任的能力，以及鼓动追随者实现领袖目标的能力。康格认为，追随者是否认为一个领袖具有领袖气质，取决于该领袖所表现出来的出色行为的数量、这些行为的强度，以及它们与情境的相关程度。领袖气质的结构由三种基本的交流技能组成，分别为传递技能（即表达技能）、接收技能（即对输入的信息予以敏感处理的技能）和调控交流活动的技能。这三种技能的实施涉及两个领域：情绪交流领域和社会领域，即情绪表现力、情绪敏感性、情绪控制力、社会表现力、社会敏感性和社会控制技能。

情绪表达能力包括通过面部表情、手势和音调来传递非言语情感的能力。情绪控制力和情绪表现力把具有领袖气质的人造就成出色的情绪“演员”。除了情绪表现力和情绪控制力之外，一个具有领袖气质的人尚须具备洞悉他人情绪需求的能力。例如，他或她必须能够解读追随者的情绪，以便做出适当的反应。在领袖气质中，社会表现力包括言语技能和在社会交往中吸引他人注意的能力。历来的领袖也

往往是出色的演说家。一个具有领袖气质的人正是利用社会敏感性这一技能，得以解读各种社会情境的需求。社会控制能力，其真正的含义要比字面意义复杂得多，它是扮演不同社会角色的基本技能。具有出色的社会技能的人是优秀的社会演员，能够胜任多种社会角色，在任何社会情境里都能如鱼得水。从某种程度上来说，具有领袖气质的个体正是由于具有社会控制能力才使其表现出自信。著名心理学家豪斯认为，出色的领袖以其领袖气质指出下属前进的明确目标，帮助他们在情境不明的情况下明确方向，激励他们为实现目标而奋斗。

一项有趣的研究表明，具有领袖特质的人常常利用他们的情绪表达能力来激励或影响他人。大多数研究领袖气质的现代学者认为，领袖气质不是与生俱来的特质，而且，几乎没有一个心理学家会认为领袖气质是上帝赋予个体的某种能力。但是由于领袖气质来自与人沟通，以及唤起和激励他人采取行动的出色能力，所以我们可以通过学习来培养领袖气质。例如，我们可以研究学习历史上的杰出领袖、伟人是如何成功的，以及那些用来使人们成为更加出色的交际者的方案，例如戴尔·卡耐基课程、公众演讲课程、人际技能和社会技能训练方案。这种“培养领袖气质”的方案，在某种程度上有助于改善一个人的社会效应和交际技能。

领袖气质特征及其表现

领袖人物的气质表现为以下八大特征：

一、洞察

洞察，就是知道向什么方向引导，是领袖的领导艺术核心。洞察体现了领袖非凡的高瞻远瞩和做正确事情的能力与智慧。

领袖一词本身就蕴藏着充当向导能力的含义，在拟定通向未来的航程时，眼光超越了目前视力所及范围。真正的领袖勤奋工作，有着强烈的自信心，他们都被一个理想所驱使，同时又去驱使其他人。他们目光远大，看问题比其他人更清楚。

一位领袖只知道什么是正确的事是不够的，他还必须能够去做正确的事。对做出正确决定缺乏判断力或洞察力而又想当领袖的人，常常因为缺乏远见而导致失败。知道什么是正确的事但又做不到的人，常常是因为软弱无能而导致失败。伟大的领袖既要有远见，又要有能力去做正确的事。

二、无畏

无畏可以说是大多数现代人比较缺乏的气质，不要误解无畏就是要等到生活把人逼到某一个绝境后才爆发，无畏的意义在于当人生的机会到来时当机立断。

领袖人物不害怕失败，因为他们知道通往成功的道路上布满荆棘，他们也能够从过去的教训中吸取经验。领袖人物必须有能力应对失败，并通过积极寻求反馈来复原，然后通过新的挑战来应用他们的经验，并保证不重蹈覆辙。

三、意志

大多数领导人在本性上都有文雅的一面，但是因此把他们称作文雅人则是一个错误。真正文雅的人很少善于行使权力。一个领袖为了完成他的使命，有时必须强硬。

如果因为工作棘手而过于烦躁，如果他过分地被柔情所束缚，那么该做好的事就做不好。竞争永远是错综复杂和残酷无情的，有一些优秀的领袖，一直以来承受了很多批判和攻击。钢铁般的意志是他们成功的保证。

四、诚实守信

在这个市场化的社会中，金钱、权力等各种欲望充斥着，人与人之间也变得尔虞我诈。所以“诚信”成了“老实”的代名词，而“老实”又容易产生一种“无能”的感觉。于是，很多人为了不让人觉得无能，就会采用一些欺骗的手段，其实，这样倒是给自己的前途埋下了阻碍的种子。一个不懂诚信的人，怎么可能会给人树立权威的形象呢？所以，诚实守信是培养“领袖气质”的基本条件。

五、包容

胜者为王，败者为寇。不论用何种手段获得的权力，如果将之放大、延伸、扩展，并且事实证明是有利于社会和人民，有利于当时的环境，那么它的主人就是一位有远见的英雄领袖。作为一个卓越的领袖，心胸宽广豁达，懂得任人唯贤，善于听取意见，尤其深具聆听的艺术，必然业绩卓著。

六、维护大局

一个人如果待人处世只从自己的利益出发，那就不可能得到团体的认可，也更谈不上树立自己在他人心目中的权威形象了。所以在日常工作和生活中，作为领袖人物要学会设身处地为下属着想，才可以得到下属的信任。

七、开拓

领袖人物野心勃勃、乐于接受挑战，并有明确的事业目标。他们总是精力充沛，具有强烈的行为动机和应变能力，总是在寻求改变。

八、多面手

在一个强调个性化的世界里，普适的领导力战略是不存在的。卓越的领导者必须能够凝聚不同个性、年龄、文化的人，让大家围绕共同的目标努力。要确保每个人都在朝着共同的方向前进，领导者必须会使用不同的方式与人沟通。

多面手的能力首先体现在理解力和感受力方面。领导者必须高度敏感，能够理解每个人不同的价值观，并相应地使用对方能够接受的方式与之沟通。对普通人来说，很容易把自己的世界观强加于人，对领导者来说，必须理解每个人的独特视角，以及形成这些独特视角的生活经验。

每个人的生活经验都大相径庭，特别是在全球化的工作环境中，多文化团队已经成为主流，领导者在充分理解团队成员之后，才能根据他们的特长和能力分配工作任务。

最优秀的领导者不会根据自己偏好的方式来管理，而是采用被管理者喜欢的方式。有的人需要近身指导，另一些则不喜欢任何指令;有的人喜欢接受挑战，另一些只在乎工资单;有的人喜欢受到关注，另一些会对公开的称赞感到不舒服。总之，领导者的风格并不重要，重要的是要有效。多面手的能力可以确保有效领导，最棒的领导风格就是没有风格。

能力超群，万众归一

如果你现在只是一个“小人物”，那么你一定要明白，所谓的“大人物”身边最不缺的就是卑躬屈膝、俯首称臣的人。如果你和他们一样，那么你永远不会被真正赏识。

你不卑不亢却又亲切自然，你坦率热情却又保持距离，你的这种胆识和气魄建立在你能满足需求、创造价值上。这意味着你要拿出实力，而你的实力来自你的能力，所以万众归一的核心是你必须拥有能力。

什么是能力？能力就是你竞争的法宝。比技术，你的技术在同行业中是翘楚，你做出的东西就能让人心服口服；比谋略，你要想得比别人新，比别人深，比别人细，比别人远，你要能透过现象直视本质；比管理，你要懂得任人唯贤，善于纳谏，疑人不用，用人不疑……

因此，经营你的领袖气质首先要经营你的能力。

唯有独立自主，方能担当大任

柏杨讲过一个故事：老板对伙计说："你一出门，往西走，第一道桥那里就有卖西瓜的，你给我买两斤西瓜。"伙计出门往西走，没有看见桥，也没有卖西瓜的，于是就空手回来。老板骂他没有头脑。他说："东边有卖的。"老板问他："那你为什么不到东边去？"他说："你没叫我去。"老板又骂他。其实老板觉得这个伙计老实，服从性强，没有思考能力，才是真正的安全可靠。假如伙计出去一看，西边没有，东边有，就去买了，瓜又便宜又甜，回去之后老板可能会夸奖他说："你太聪明了，了不起，做人正应该如此，我很需要你。"其实老板觉得这个家伙靠不住，会胡思乱想。这就是"买西瓜学"。但是一个无法独立思考的人，连自己都失去了，又怎么可能成为领导他人的领袖？

领袖必须知道什么时候应该战斗，什么时候应当退却，什么时候应当强硬，什么时候需要妥协，什么时候必须大胆讲话，什么时候需要缄默不语。他必须高瞻远瞩，有一个明确的战略，有一个目标和信念。他必须胸怀全局——看到这项决定与其他决定之间的相互关系。他必须走在前头，但不可走得太远以免失去拥护者。这一切，都需要领袖自己做出判断，他必须具备独立自主的能力。

独立自主的能力不仅仅体现在工作中，也体现在人生的每一部分。独立自主能力体现出一个人从物质到精神的独立能力，以及认知自我的自省能力和学习能力；体现在内心力量是否能够依靠自己获得；体现在婚姻爱情和家庭中的情感是依恋而不是依赖。有的人离开了丈夫或妻子就不能独立生活，甚至陷入严重的心理危机中；有的人没有上级领导的命令和指导就无法工作，听惯了指挥的头脑接近僵化，对自己严重缺乏自信，没办法依靠自己的判断和思考能力做出选择和决断；有的人虽然雄心勃勃，也很有能力，但优柔寡断，顾虑重重，畏首畏尾，容易受身边环境的影响，稍有挫折就放弃自己的理想和计划。这些例子就是丧失了独立自主能力，尤其是从精神上无法自立，只能依赖他人，最终一无所得或只能局限于自己的小圈子。

戴高乐曾说，在面临事物的挑战时，领袖躬身自问，只依靠自己。具备这种“追求独立自主”精神的领袖，“在困难中可以找到特殊的乐趣”，因为只有在和困难搏斗的时候，他才能检验并扩大这种精神的极限。他在做出决定时毫不畏缩，而是采取主动，大胆地去迎接这种时刻。

果断是领袖人物必备的素养

果断是领袖气质必备的特征之一。勇敢、果断、有组织性、有首创精神的人，可以从不同气质类型的人群中培养出来，当然有培养难易的差别。比如胆汁质比抑郁质培养起来就容易多了。果断不同于盲目地乱下结论，日常行为中应表现果断、坚决的品质，“当断不断，必受其乱”，特别是面对众多的抉择，不可长时间地徘徊、犹豫。

果断来源于信心，要求我们有很高的判断力。在缺乏正确判断的情况下，果断只能是不负责任地妄下结论。果断的反面即是拖延，拖延是每一个人必须征服的公敌。一份分析百名富豪的报告显示，其中每一个人都有迅速下决心的习惯。

卡耐基告诉我们，累积财富失败的人毫无例外，遇事迟疑不决、犹豫再三，就算是终于下了决心了，也是推三阻四拖泥带水，一点儿也不干脆利落，而且又习惯于朝令夕改，一日数变。为什么我总下不了决心呢？我耳根子软？我对自己没信心？万一错了怎么办？我可担不起这个责任。美国总统林肯决心发表其著名的《解放黑奴宣言》，赋予美国黑人自由。在发表之初，林肯完全了解，此举将使成千上万原先支持他的朋友和政界人士转而反对他。下不了决心，往往在于你容易受人左右。如果你任由他人的意见来左右你，做哪一行都不会出人头地。

很多人身怀自卑情结终其一生，只因某位本意不坏却欠考虑的人，借“意见”嘲弄讽刺，摧毁了他们的自信。作为领袖，要有自己的理智和智慧，当断则断。

为实现目标勇于付出代价

在冲突中互为对立面的领袖，各有其为之奋斗的目标，这些目标是相互冲突的。一位精明强干的领袖，尽管他为之奋斗的事业生命力比较脆弱，但他可以战胜一位软弱无能却从事一项富有生命力事业的领袖，原因在于领袖的差别。

领导人要有洞察力、深谋远虑，并愿意进行大胆而又深思熟虑的冒险，当然他也需要好运气。首要的是他必须精细、冷静地分析机会，然后果断采取行动，决不能像哈姆雷特那样沉思而无决断，因“思虑憔悴而无所事事”。没有一个伟大的计划，领袖是不会站在前列的，领导能力必须服务于目的，目的越崇高，领袖潜在的形象就越高大。但是光有目的是不够的，他必须取得成功，必须付出代价。

像思想家一样行动，像实干家一样思考

领导人必须集中精力，头脑里只有一个压倒一切的目标，进行几场大的拼搏。如果他拼命想把每件事都做好，那就不可能把真正重要的事情做得非常出色。如果要成为一位伟大的领导者，必须把精力集中在重大的决策上。能在思想和行动之间维持恰当平衡的时期，也是领导气质发挥得最好的时期。毫无疑问，丘吉尔、戴高乐、尼赫鲁、唐太宗、康熙大帝等都是果断的实干家，同时又是深刻的思想家。就连容易感情冲动的赫鲁晓夫，通常也是思考先于行动。

威尔逊在担任总统之前，曾在一篇演说中把思想家和实干家区别开来。思想家常常不能实干，而实干家不善思考。最理想的是威尔逊这样的人，他是一位有创见的伟大思想家，在他年富力强时，也是一位果断的实干家。法国的哲学家亨利·伯格逊曾告诫说：“像思想家那样去行动，像实干家那样去思考”。

既要以理服人，又要以情动人

领袖气质集中体现在领导能力上，而领导能力是一种独特的艺术形式，既要

求有非凡的魄力，又要求有非凡的想象力。长期以来，在美国广泛地存在着一种信念，美国需要一位真正第一流的商人来掌管政府，需要一位已被证明能胜任并能有效地掌管一个大型企业的人。其实，这一点并未切中要害。经营管理是一回事，领导能力却是另一回事。正如加利福尼亚大学商学院的沃伦·本尼斯所说："经理们的目标是必须把各种事情办得正确，领袖们的目标是必须做正确的事。"尽管技术是必需的，但是领导能力不仅仅是个技术性问题。

从某种意义上说，经营管理是一篇散文，领导能力是一篇诗歌。领袖人物要十分注意自己的代表性和形象，以及使人们得到激励的思想，这是推动历史前进的一股力量。人们是听从道理的，但又为情感所驱动。作为一位领袖必须既以理服人，又要以情动人。经理考虑的是今天和明天，领袖必须考虑到后天。经理代表的是一个进程，领袖代表的是方向。因此，一位无事可管理的经理就不是经理，但即使是一位下了台的领袖仍拥有他的追随者。

聚拢人心，让人人都追随你

在戴高乐1958年当上总理后不久，他要求议会给他处理国家危机的特权。旧日的戴高乐会要求议会给他这些权力，并用辞职来威胁，而新戴高乐知道聚拢人心的重要性。他深深懂得，如果给机器加油，它就会运转得更平稳。他来到议会时，与议员们尽情打趣逗乐。休息时，他亲切地和他们聊天，以此争取政见不同之人。他向他们保证说，他的所作所为全都是为着"使共和国更强大、更健壮、更有效和坚不可摧"。他恭维他们说："我想要你们都知道，今晚有机会和你们一起在这里聚会，我是感到多么荣幸。"

听了他的这番话之后，那些竭尽全力试图阻止他重新掌权的议员都目瞪口呆。他们鼓掌喝彩，同意给戴高乐想要的权力。只有在那些用行动证明自己的品德、勇于正视并克服困难和"不惜一切牺牲"的领袖们才能赢得群众。有这种性格的人辐射出一种磁力，对追随他们的人来说，他们是取得最后胜利的象征和希望的化身。

名望塑造魅力，魅力塑造权威

戴高乐关于领导艺术的教导既简单又一针见血。在他的《剑刃》一书中概括地阐述了它的要点。如果一个领导人有神秘性、庄严，那他就可以获得名望。如果他把名望和魅力结合在一起，他就可以获得权威。如果在权威外还有先见之明的话，就可以像戴高乐那样，成为历史上为数不多的举足轻重的领袖人物。但是神秘的孤僻，独立自主的性格和超然的庄严，需要付出高昂的代价。

戴高乐写道，一个领袖人物必须在声望和幸福之间进行选择，因为伟大和“含糊的忧郁感”是不可分割的。“被看作是幸福的满足、安宁和欢乐，对那些位高权大的人来说是享受不到的”。一个领导人必须忍受严格的自我约束、经常冒险和不断的思想斗争。神秘可以诱惑人但是不能吸引人，为此，领袖人物需要的是称之为品质的东西。大多数人把品质看成是道德的力量和坚韧性，但是戴高乐给领导的品质下的定义是强烈的愿望和发挥自己意志的内在力量。他说：“把一个人放在他同辈之上，只有在他能够用他来自性格的、给共同的任务以推动力和完成任务的把握时，才可说得上合理。”

强大的沟通力，强大的领导力

领导人应该走在普通人的前头。在国家向何处去，为什么朝那里走以及应该采取什么步骤到达等问题上，他应比一般人有更明确的见解。但他必须带领人们同自己一道前进。只是发号施令，但回头瞧瞧，无人跟随，毫无意义。他必须做说服工作，让人们赞同他提出的见解。在这一过程中——在胜利之前的追求中——他可了解到许多人们关注和有所保留的事，以及人们期望和担心的事。所有这一切，作为一位领导人都是必须应付处理的。正是在这个过程中，他还会对将来不得不做出各种妥协，才能得到更完善的结论。

具有领袖气质的人的社会效应如何，取决于他或她在别人眼里的可信度。这就是为什么具有领袖气质的人看起来更诚实、更善于游说。研究人员对被录在实验录像中的言语行为和非言语行为进行了细致的分析，发现具有领袖气质和不具有领袖气质的人相比，前者说话较为流利，语速较快，情绪丰富（表现为微笑次数较多，面部表情丰富），与听众接近的暗示较多（较多的眼神接触，使用包容性代词如“我们”的次数较多），以及较多的表达情绪的手势，而紧张情绪表露较少（如抓耳挠腮，坐立不安等）。

调查发现，表现能力强、具有领袖气质的人与缺乏情绪和社会技能的人相比，前者更令人喜爱、更积极、更有吸引力，也更有可能成为朋友或约会的对象。不过，这些具有领袖气质的人的“吸引力”并非来自有吸引力的脸蛋或身材。实际上，即使具有领袖气质的人不具备外表吸引力，也比具备这种吸引力但无领袖气质的人更富吸引力，因为他们具有所谓的“动态吸引力”。这是一种与人沟通、表达自己想法、激励他人的吸引力。

IBM领导气质11点标准及10项指标

IBM公司领导层曾将领袖气质归纳为11点标准及10项指标。

11点标准包括：

（1）领导力。

（2）决断力。

（3）行业洞察力。

（4）创新的思考。

（5）达成目标的坚持。

（6）团队领导。

（7）直言不讳。

（8）团队精神。

（9）培养组织能力。

（10）工作奉献度。

（11）对事业的热忱。

10项指标：

（1）建立伙伴关系。

(2) 跨组织影响力。

(3) 拥抱挑战。

(4) 横向思维。

(5) 明智决断。

(6) 勇担战略性风险。

(7) 赢得信任。

(8) 推动成长与绩效。

(9) 培育人才，发展社团。

(10) 对前途充满热忱。

第14章 时代楷模，中流砥柱——经营你的精英气质

什么是精英气质

“精英”一词最早出现在17世纪的法国，意指“精选出来的少数”或“优秀人物”。精英理论认为，精英在智力、性格、能力、财产等诸多方面超过普通人，对社会的发展有着极其重要影响和作用，是社会的中流砥柱。

提到精英，我们立刻会联想到“有钱”“影响力”“能力强”等正面的词语，这些词语虽然只是人们对于精英这一群体的印象，但也反映了精英人群的特征。通过对这些印象进行归纳，可以认为现代的精英应该满足的条件有：具备一定的文化知识水平，拥有中产及以上水平的财富，在某些领域里形成了自身的技术或业务优势，对社会公共事务有一颗热衷的心，并付诸了行动。

“精英气质”就是比一般人更加追求上进，更加努力奋斗，更加开拓创新，思想、见识、智力、性格、能力等都超群脱俗。

精英的崛起，对社会而言，包含两层含义。一是精英发生和生存的背景，透露出社会和经济转型的信息；二是精英的人格气质特征，作为亘古不变的共性，昭示着成功创业者所需要具备的品质。我们不用关心这个精英叫什么名字，我们关注的是他们为什么能取得如此耀眼的成功？财富为什么流向他们？以及精英的创业传奇、拼搏趣闻、成功背后的秘密……

方小文创业很不容易，靠养鸽子起家。后来她想试着养鸸鹋，向澳大利亚申请进口一公一母，但未获允许，于是她就去动物园借了两只，又从日本买来一些鸸鹋。鸸鹋盛产于澳大利亚，但方小文却有了世界上最大的鸸鹋养殖基地。谁相信养鸸鹋也能成为精英？这样的故事多有趣啊。

领带大王曾宪梓，创业之初每天不卖完65条领带，就誓不回家，饿着肚子也继续推销。他沿街挨家挨户地推销领带，受尽冷眼和耻笑。洋服店老板像见到瘟神一样，吼叫着："干什么？出去！出去！走！走！"不分青红皂白、恶狠狠地将他赶了出来，可是他后来却与赶他的人成了好朋友……这样的故事多振奋人啊。

鸿海董事长郭台铭，中秋节那天，淋着雨在门外站了整整 4 个小时，为的只是见上客户一面，而客户最后收了礼物，但连门都没让他进……本田宗一郎，日本政府禁卖水泥给他建造工厂。他是否就此放手了呢？没有！他反而自己研制出了新的水泥制造方法……盛田昭夫，以10年不盈利为代价，打开美国市场，第一个实现日本企业国际化的梦想，创造了索尼神话……韩国运输大王赵重熏，一生充满了赌博和冒险，甚至近乎疯狂，从靠开卡车运货谋生，到向美国国务院提出在越南为美军运送军需，他每天奔走在所有他认识的美国人之间，利用一切可以利用的关系，最终完成了原本几乎不可能完成的使命……海尔集团总裁张瑞敏接手公司时，海尔只生产冰箱一种产品，还亏损147万元人民币……娃哈哈集团总裁宗庆后，42岁才开始创业之路，靠给小学校送棒冰、写字本，开始一分一厘的积累。他最小的一笔生意是在烈日下骑着三轮车到小学校送一箱棒冰，盈利一元……没有人能够随随便便成功，远见、创新、坚韧、冒险、精明……他们都是凭借着毅力与坚忍不拔，走过挫折，之后才收获成功人生。什么是精英气质？这就是精英气质。

有限的文字无法巨细靡遗地写出这些精英的所有传奇经历和成功之道，但就精英的人格气质特征而言，可以给渴望成功的人以启示。其实"精英气质"每个人都有，只要你能把它像金子一样拾起来。

精英气质特征及其表现

作为社会中的精英，大众中的出类拔萃者，精英人士自有与普通人不同的气质。

与普通人相比，精英有以下几方面的显著气质特征：

一、开放的思维模式

只有拥有开放思维模式的人才能不断地进步，精英人物都具有开放的思维模式，虽然他们在某一领域已经取得了很大的成就，但是他们深知天外有天，人外有人，学习是永无止境的，因此，他们很愿意接受新思想、新观念。

而普通人因为没有开放的思维模式，往往容易固守自己的观念，总是认为自己对问题的认识是正确的，不容易接受别人的意见和建议，很难接受新的思想和观念。

二、积极向上的心态

一个人的心态就是他生活状态的反映。精英人士往往对生活充满了热情，他们把工作当成锻炼自己的绝佳机会，他们的心态积极向上。

普通人往往心态比较消极，喜欢抱怨自己的生活，把工作当成赚钱的手段，得过且过，把自己生活的不如意归结于外部因素，很少从自己身上找原因。正是因为这种心态，他们的能力很难提高。

三、观察问题的方式独特

姜太公说过一句话："智者察同，愚者察异。"我们身边经常有这样一些人，他们看问题的角度总是与众不同，经常能从鸡蛋里挑出骨头，看问题不看主流，而喜欢看细枝末节，并且以自己的眼光为自豪，这是典型的愚者水平。

精英人士往往会站在较高的角度去看问题，他们喜欢求同，看问题能看到大势，看到主流，而忽略细枝末节，因此，他们能很好地利用社会发展的趋势来发展自己。

四、自己发展有计划性

精英人士对自己有比较深入的了解，会根据自己的特点对职业发展进行规划，并不断地提高自己的职场竞争力，一旦职业危机来临，他们通常很容易找到下一个工作机会。

普通人对自己的人生发展通常没有计划，过一天算一天，通常是到职业真的出现危机的时候才临时想办法去解决。

五、勇于改变和迎接挑战

精英人士一般不安于现状，他们喜欢改变，以积极的心态迎接改变，迎接挑战，因为改变对他们来说往往意味着新的机会、新的可能。

普通人一般抗拒改变，害怕不确定性，喜欢稳定的生活和工作，因为改变对他们来说意味着对工作和生活失去掌控能力。

六、有很强的自律性和自我管理能力

精英人士之所以成为精英，就是他们从小养成了自律的习惯，有很好的自我管理能力，知道什么时候该学习，什么时候该玩，什么时候该工作，什么事情可以做，什么事情坚决不能做。

普通人最大的特点就是管不住自己，缺乏自律性。他们喝醉了照样敢开车，明明体重已经严重超标也管不住贪吃的嘴，明知道离发工资还早就已经把钱花完，明知道该给孩子做榜样但还是该怎么玩就怎么玩。

七、持续的学习能力

这一点是精英和普通人最大的不同，普通人往往很早就停止了学习，即使很多上过大学的人，一旦走上了工作岗位，最多也就是学习一下自己本专业的知识，而系统化地学习其他方面知识的人就更为少见了。

再看看我们身边那些在某一领域取得一定成就的精英人物，没有一个不是不断学习的人。他们不但在自己的专业领域不断精进，而且会系统化地学习其他方面的知识。在某一领域取得杰出成就的人，都是知识面比较广的人。

八、谈吐优雅含有哲理，也常有诙而不谑的幽默

精英人士都有一个特征，说话谈吐比较高雅、风趣、幽默，会说点儿笑话，但绝对不是低俗笑话。

普通人在大众场合说话往往大声喧哗，吵吵嚷嚷，说话较为随便，开玩笑无所顾忌，内容低俗。

九、注重交往层次和交往艺术

精英人士喜欢和比自己水平高的人交往，因为这样他们就可以从别人身上学习到新的东西，他们不惧怕和陌生人交往，对陌生人也不会有敌意，只要志同道合，很快会成为朋友。

普通人喜欢和熟人交往，交往的人通常也和自己属于同一个层次，他们对陌生人往往带有明显的敌意和不信任感，这就是为什么他们和陌生人很容易发生冲突的原因。

十、时间观念强，善于分配时间

精英人士也吃喝玩乐，但他们是有节制的，会把更多的时间用来做一些有意义的事情，比如参加提高工作技能的学习、参加一些提升自身素质的培训、看书、健身等。

普通人的业余时间大多都是在干一些没有意义的事情，吃喝玩乐是主要的消磨

时间方式，过一天算一天，对自己的业余时间没有具体的安排，随机性很强。

知道了精英和我们普通人有什么不同，那么你就可以按照精英人物的特点来要求自己，也许在不久的将来，你就真的成了这个社会的精英。

积极的心态造就精英

精英的心态比常人更积极。马尔比·巴布科克说："最常见同时也是代价最高昂的一个错误，是认为成功有赖于某种天才，某种魔力，某种我们不具备的东西。"多少人因这种观念而与成功背道而驰。

从成功学的角度来看，心态只有两种：积极和消极。人与人之间只有很小的差别，但这种差别却往往造成了人生结果的巨大差异，差别的产生来自人生的态度积极与否。

美国成功学院对1000名世界知名精英人士的研究结果表明，积极的心态决定成功的85%！

我们回想一下身边的人和事。同样都是聪明的孩子，学习成绩却有好坏优劣之分；学习不好，不是智力问题，而是不认真听讲，不认真做作业。"认真"是什么，认真并不是智慧，而是"心态"。同样是工人、职员，有人为五好员工、劳动模范，有人却为阿混，真正的区别仅在于谁更积极、更努力、更负责，而不是聪明才智和技能。积极、努力、负责都是"心态"。社会精英、领袖伟人，他们的成就取决于付出甚至牺牲的多少。愿意付出、牺牲，绝非方法问题，确确实实来源于心态。

让我们来听听两位举世公认的成功者是怎么说的。其中一位靠"实干"而蜚声世界，另一位则靠"空想"流芳百世。他们就是天才的发明家爱迪生和天才的理论物理学家爱因斯坦。爱迪生说："天才是99%的汗水，加1%的灵感。"爱因斯坦说："人们把我的成功归功于我的天才，其实我的天才只是刻苦而已。"

不明白这个道理，就容易埋怨责怪。埋怨社会无机会，世道不公平，责怪别人冷漠无情，责怪自己生不逢时……可是我们想过没有，无论在何种社会环境里，总有人充满希望、快乐和幸福。

任何时代，都是展现个性的时代。关键就在于，任何事物都有积极的一面和消极的一面，这就要看你的心态是积极的还是消极的。如果你是积极的，你看到的就是乐观、进步、向上的一面，你的人生、工作、人际关系及周围的一切就都是成功向上的；如果你是消极的，看到的就是悲观、失望、灰暗的一面，你的人生自然也就乐观不起来。

以“知本”为杠杆撬动“资本”

网易创始人丁磊以及同他一样出身新经济财富的精英人群有一个共同的特点：创业者气质。不管是在哪里，他们能想到的都是靠自己的智慧来吸引资本，在靠技术、知识赚钱的同时也是在为投资人打工。

三大门户中，只有丁磊科班出身，对于技术的高度敏感使得网易成为纳斯达克中国概念股的形象代言人。而对于国人而言，此刻的丁磊已经成为中国新财富的代表。“知本”撬动“资本”，是丁磊们的思路，他们不具备成长为投资人的实力，因为他们最初创业的时候根本就没有资本，在有了资本之后，想到的仍旧是继续创业。

战胜个人英雄主义情结

中国企业在过去几十年主要依靠创业型领导人的胆识、敬业精神和经验，在急剧扩大的市场中取得了飞速的发展，而企业内部的组织和运作建设并没有跟上公司整体发展的步伐，特别是随着当今经济环境不确定性因素的增加，企业领导人放弃信息分析与理性决策，已成为一种倾向，许多中国企业家难以摆脱个人英雄主义怪圈。

在成功的企业中，培养他人的能力，是判断领导人成熟度的重要标准。如果一个领导人害怕属下比自己厉害，而将其“淹死”的话，这样的领导不会拥有能干的人才。因此，一个不遗余力培养人才的领导者，才会拥有更多人才，成功的机会才会更多。领导者在做决策时，一定要跳开既有的框架与包袱，思考什么是对组织最有利的事。最有利的事挑出来先做，而不是把自己陷入一大堆事情中，看似很忙事实上是没有做好该做的事，懂得做对事情，用对人，使他们帮你把事做好，每天就有时间打高尔夫球！

理性看世界，驾驭新格局

理性地认识大自然，就形成人类的自然科学；理性地认识社会，就形成人类的社会科学。自然科学和社会科学能够在自己的历史发展水平上，以理性的方式为人类论证和解释大自然及社会的各种现象，论证和解释人们关心的一系列现实问题，并以自然现象的确定表现形式和人类社会实践的确定结果，证明或者检验这些论证和解释的合理性。

具有较高的人文科学修养，对于新格局下自己的处境有信心，这是处于强势发展潮流中精英的，一般状态；而一些人文修养较低的人，或者对新格局缺乏理性思维认知力，在新格局中处境逆变的人和突然遭遇困难的某些人，或者缺乏社会关怀和社会理解的人，他们在新格局中缺乏自我定位的能力，缺乏驾驭新格局的能力，缺乏以理性的方式理解自然和社会变化的能力，或者不相信这种理解的合理性，他们在人生观、世界观和价值观上发生了对人文理性的动摇或者迷茫，为应对、确保、伸张自己在新格局中的生存处境和原有自我意识的合法性，往往可能会选择以迷信的方式来为自己寻找想象中的虚幻的慰藉，甚至把假当真，以为想象的虚幻可以解决实际的问题、摆脱实际的困境，显然是不可取的。

创新风范，永远走在时代的前列

创新，顾名思义，就是创造新的事物。具体来讲，创新是指人类为了满足自身需要，不断拓展对客观世界及其自身的认知，创新既是过程，也是结果。

创新是人为了一定的目的，遵循事物发展的规律，对事物的整体或其中的某些部分进行变革，从而使其得以更新与发展的活动。

现代社会日新月异，接受变化，不断学习，与时俱进，才能改变现状，突破旧格局，才能适应发展变化的新形势、新情况、新环境，开辟更广阔的生存空间。

作为精英人士，必须有创新意识，时时刻刻观察周围环境，首先做好一个观察者，然后做好一个沉思者，最后做一个突破者。跟上日新月异的新形势，适应新情况，提出新思路，开拓新格局，是一个精英人士应该具备的基本素质之一。

说到创新，香港有一个例子很值得人思考：以前的片子是无声的，通常都要有人在银幕旁边提字幕或解说，但邵逸夫总觉得这样不行，于是尝试让电影有声，不管内容是什么，一定要可以边看边有声音，就这样，在他的坚持下，第一部有声电影终于在香港的戏院上映。当时只有他的戏院的电影是有声的，所以一夜之间人们排着长队争先恐后地买票，都想一看究竟，邵逸夫由此掘到了第一桶金。其他的戏院，因为没有人去看，只好关门，然后郡逸夫再把这些戏院一一买了下来。邵氏王朝，从此打下了基础，紧接着，他的片场、器材、演员、导演、编剧，也都应运而生，香港的电影工业，也就从这里诞生、成长、茁壮起来。

冒险本色，做商海浪尖上的弄潮儿

冒险从本质上说体现着一种个体性，但这种个体性并不与和谐冲突。重大的和谐便是持久的个体和谐，是一种包含了冒险精神的和谐。

鲁迅先生曾经嘉许世界上第一个吃螃蟹的人是英雄。敢为天下先，勇于实践，大胆开拓，是时代赋予我们的要求。没有第一个吃螃蟹的人，就没有今天的佳肴；没有无畏的开拓者，人类就无法生存。我们赞美“第一”，就是赞美冒险者的勇气。敢为天下先，突破框框，打破教条，破旧立新，才能做改革浪尖上的弄潮儿！

从福布斯排行榜看，这些富人的一个共同特征，就是天生喜欢冒险，不管是钱还是其他，都敢拿去冒险。他们大多没有资本家血统，白手创业，全凭个人奋斗及商业头脑，建立起了自己强大的商业帝国。这群冒险家似乎有一种天赋的本能：知道这个时代需要什么，并大胆地下注。

赵重熏是韩国首富。他亲手创建的韩进企业集团包括“大韩航空”在内，拥有12家颇具规模的企业，共2.5万名职员。赵重熏从一个地位卑微的司机白手起家，在短短20多年时间里，迅速发迹，成了腰缠万贯的韩国超级巨富。这一切离不开一种气质，那就是冒险。

《数字化生存》的作者尼葛洛庞帝说："我认为人才不是那些学多少知识的人，而是能不能承担风险、能不能打破循规蹈矩做事情的人。"勇于承担风险、敢于冒险是精英人士的一个重要素质。人生最大的风险就是永远不冒险。做事要有冒险的勇气，走得最远的人常是愿意去做、愿意去冒险的人。

终身学习，精英的一生护照

不断学习的人才会保持头脑灵活，才能保证自己的思想不断向前跨越。因此，我们要养成不断学习的习惯，保持这种习惯会帮助你走向成功。

在工作和生活中，我们只有不断地学习才能保证优秀。任何一个人，即使在某一方面的造诣很深，也不能够说他已经彻底精通了。生命有限，知识无穷，任何一门学问都是无穷无尽的海洋，都是无边无际的天空……谁也不能够认为自己已经达到了最高境界而停步不前、趾高气扬。

皮特·詹姆斯是美国ABC晚间新闻的当红主播。在此之前，他曾一度毅然辞去人人艳羡的主播职位，到新闻的第一线去磨炼自己。他做过普通的记者，担任过美国电视网驻中东的特派员，后来又成为欧洲地区的特派员。经过这些历练后，他重新回到ABC主播的位置。

此时的他，已由一个初出茅庐略微生涩的小伙子成长为成熟稳健又广受欢迎的主播兼记者。

皮特·詹姆斯最让人钦佩的地方在于，当他已经是同行中的优秀者时，他没有自满，而是选择了继续学习，使自己的事业再攀高峰。

一个要求不断进步的精英，无论处于职业生涯的哪个阶段，都会把不断学习当成自己的一个重要习惯。因为他们清楚，自己的知识对于所服务的机构而言是很有价值的。正因为如此，他们必须好好自我监督，不能让技能落在时代后头。

工作进展顺利的时候，要加倍地努力学习；工作进展得不顺利，不能达到工作岗位的要求时，更要加紧自己学习的进度。在瞬息万变的现代社会里，"学习"是让我们能够为自己开创一番天地的利器。只有通过学习超越以往的表现，才能真正走向成功。

如果你想事业有成，如果你想使自己的人生有意义，那么就从现在开始，将终身学习作为你一生的护照吧！

小胜靠智，大胜靠德

著名意大利诗人但丁说过：“一个知识不全的人，可以用道德去弥补，但是一个道德不全的人，却难以用知识去弥补。”

古人云，“道之以德”，“德者得也”。这告诉我们，要以道德来规范自己的行为，只有有道德的人，才能得到人生的乐趣、生命的精彩。“德”，无声、无形，看不见、摸不着，但是它和“道”紧紧相连，无时无刻不在控制和影响着我们的言行和生活。“小胜靠智，大胜靠德”。古今中外，一切真正的成功者，在道德上都达到了很高的境界。任何一个精英的成功，都可以从道德品格上找到答案，没有一个人可以超越其道德品格的限制而行事。人可以用大德行战胜小德行，用小德行战胜无德行。高尚的品德胜过强大的武力。

精英素质有三个层面：1.表层——知识结构、基本技能；2.深层——态度、思维、价值观、信念、习惯；3.核心层——品格、精神、心灵境界。因此，做人要坚持品格第一，品格高于才智。崇高正直的品格，本身就是最大的成功，金钱买不来品格，权力换不来品格，邪恶压不住品格，历史忘不了品格。人生拼搏的最后是品格，有什么样的品格就会有什么样的人生。事实证明，越是在金钱和权力面前，越是在邪恶势力猖獗的时候，品格就越是闪光，越是具有不可战胜的力量。

现实中大量事实说明，很多人的失败，不是做事的失败、能力的失败，而是做人的失败、道德品格的失败。一切工作、事业上的成就，归根结底源于做人的成就。人生发展的规律是高尚的道德形成高尚的品格，形成高尚的事业，进而形成高尚的命运。否则，没有高尚的道德便没有高尚的品格，便没有高尚的事业，也就没有高尚的命运。一个人丧失道德就会丧失人性，就会伤天害理。人以牺牲道德品格来换取利益，最终将以几倍甚至几十倍的代价来偿还道德成本。所以，我国著名教育家陶行知先生说，“千学万学，要学会做人”。

不到最后一刻决不放弃

在《福布斯》富豪榜的工作库中，共计有两三千位身家亿万的中国内地富豪精英，他们没有一个是中彩票致富的。阳光100房地产总裁易小迪表示：“从本质上看，致富不能依靠投资。少数人可能靠投资富了，但归根结底还是要靠付出、靠创新、靠劳动、靠奉献，这才是关键，包括‘股神’巴菲特也是如此。”良好的价值观和扎扎实实地奋斗是致富和守富的前提条件。你只能指望通过自己来获取成功。

张忠谋是世界著名的半导体制造商台湾台积公司的创始人，被誉为半导体教父。他是一个传奇人物，被媒体誉为“一个让竞争对手发抖的人”。他不是个热情洋溢的人，而是沉默、神秘、严厉，善于思考、做事缜密。张忠谋41岁时已经是德州仪器主管全球半导体业务的资深副总裁，公司第三号人物。但他毅然离职，决定重新出发。他认为，人生没有舍弃，就没有收获。41岁放弃优厚的职业和曾经的成绩，从零开始，这种气魄非一般人所能及。然而，张忠谋认为每个人都应该给自己设定目标，达到目标，再设定一个更高的目标，并逼迫自己不断攀登。在仔细观察分析后，他下了一个大赌注，成立了台湾集成电路公司。

在公司刚开始的前三年里，订单很少，产品销路无法打开。公司在美国的办事处也没有什么客户。面对困境，张忠谋没有后悔，他不断激励自己，终于公司迎来了英特尔抛出的橄榄枝。在领教英特尔的仔细和挑剔的同时，他的公司学会了品质观念，通过了英特尔的品质测试，最终拿到英特尔的认证，开始在市场上畅通无阻。其实坚韧的背后是非凡的“忍”，忍的毅力和忍的艺术。忍苦耐劳，百炼成钢；忍言慎语，忍气制怒；忍名让利，不图虚荣；忍奢节欲，生活俭朴；忍败求胜，百折不挠；忍痛割爱，理智处世；忍辱负重，不惊不怒；忍对轻蔑，赢得尊重。能忍就能坚持。

把工作当事业，成就丰功伟业

对于选定的人生目标，设定的事业蓝图，精英们会像对待生命一样，并为之付出全身心的努力，奋斗终生。

对待工作，如果你不把它当事业，就会老觉得没有激情，然后琢磨着跳槽。

在一个小镇上有三个石匠正在努力工作，一个过路人问他们在干什么。第一个石匠说："我每天都枯燥地搬石头砌墙。"第二个石匠说："我的工作很重要，我要把墙垒好，这样房子才结实。"第三个石匠则很自豪地说："我的责任十分重大，这是镇上的第一所教堂，我要将它建成小镇的标志！"

同样是砌墙，三个人看待这件事的意义却不一样。第三个石匠心中有百年大教堂，他把自己的工作当作是一项伟大的事业来干。因此他不仅不觉得枯燥无味，反而很有自豪感。他一定会为了心中的那个教堂兢兢业业地干活，并且不会有一丝懈怠，因此他必将是那三个石匠中干得最出色的一个。

如果你没有把你的工作当成事业来做，你没有在其中投入心力和激情，那么无论怎样换工作，你的工作就只是工作而已，你干不了理想中的"大事业"。

每一个精英都会善待自己的工作，并把工作当成自己的事业。他会让自己忙起来，在忙碌中体会生命的力量和工作的愉悦。

日本的"经营之神"松下幸之助是世界闻名的成功企业家，他的经营哲学是，把职业当成自己毕生为之奋斗的事业，日积月累，用心做好每一天的事。

松下幸之助常说，他之所以成功，是因为他从内心把自己的职业当成事业。他指出："我并没有那么长远的规划。只是珍视每一个日夜，做好每一项工作，这是今日能辉煌的秘诀。当年，我仿佛并没有要建一座大工厂的远大规划。创业初期，一天的营业额仅一日元，后来又期盼一天有两日元，达到两日元又渴望三日元，如此而已，我只不过是努力地做好每一天的工作。"他在一次演讲中还说："迄今为止，每遇到难题的时候，我都扪心自问，自己是否以生命为赌注全力对待这项工作？当我感到非常烦恼时，往往是因为没有全身心地投入工作。由此我便洗心革面，全力向困难挑战。有了勇气，困难便不称其为困难了。"

必须把自己的职业当成事业，并由此日积月累，珍视每一天的每一件工作，循序渐进地取得进步，长此以往，最终将成就伟大的事业。松下幸之助就是这样工作，才取得了事业的成功。

所以，事业是兢兢业业干出来的，不是冒冒失失跳出来的。只有你真正为自己找到奋斗的事业，以此不断激励自己刻苦实干，你才能真正成就丰功伟业。

培养精英气质的30条成功习惯

1. 不说“不可能”三个字。

2. 凡事第一反应：找方法，而不是找借口。

3. 控制住不要让自己做出为自己辩护的第一反应。

4. 遇到挫折时对自己大声说：太棒了。不说消极的话，不落入消极情绪，一旦出现立即正面处理。

5. 凡事先订立目标，并且尽量制作“梦想版”。

6. 凡事预先作计划，尽量将目标视觉化。

7. 工作时间，每一分、每一秒都做有利于生产的事情。

8. 随时用零碎的时间（如等人、排队等）做零碎的事情。

9. 守时。

10. 写下来，不要太依靠脑袋记忆。

11. 随时记录灵感。

12. 把重要的观念和方法写下来，并贴起来，以随时提示自己。

13. 走路比平时快30%，走路时脚尖稍用力推进，肢体语言健康有力，不懒散、萎靡。

14. 每天出门照镜子，给自己一个自信的微笑。

15. 每天自我反省一次。

16. 每天坚持一次运动。

17. 听心跳一分钟，指在做重要事情前，如疲劳时、心情烦躁时、紧张时。

18. 开会坐在前排。

19. 微笑，用心倾听，不打断对方说话。

20. 说话时声音有力，感觉自己的声音似乎能产生有感染力的磁场。

21. 说话之前，先考虑一下对方的感受。

22. 不用训斥、指责的口吻跟别人说话。

23. 定期存钱。

24. 节俭。

25. 不管任何方面，每天至少“进步一点点”。

26. 每天提前15分钟上班，推迟30分钟下班。

27. 每天在下班前用 5 分钟的时间做一天的整理工作。

28. 时常进行“头脑风暴”。

29. 恪守诚信，说到做到。

30. 学会原谅。

第15章　智言睿语，庄谐兼备——经营你的幽默气质

什么是幽默气质

幽默是智慧、机敏和文化的积淀，幽默不同于搞笑，幽默区别于喜剧，幽默与滑稽虽然相似，但前者是大智慧，后者则是小聪明。“幽默气质”具有天然的协调能力，让人欢愉，类似清风使人舒畅，化兵戈于无形中。

幽默到底是什么？是欢笑、娱乐、快感？是荒诞、滑稽、诙谐？是揶揄、嘲弄、戏谑？这些都与幽默有关，都能在一定的条件下引发幽默感，但它们又都不能等同于幽默。那么幽默是什么呢？

“幽默”一词本身系进口舶来品，从英语音译引进。我国古语亦有“幽默”一词，乃是“沉寂无声”的意思，典出屈原《九章·怀沙》：“兮杳杳，孔静幽默。”西方美学名词的引进，使古语“幽默”增添了“诙谐风趣而又意义深长”的含义。

我国现代“幽默大师”林语堂先生曾对此做过深入研究。他认为幽默是一种人生，健全的嬉笑，会心的微笑，是一种美学的思维方式。他说，“当一个民族在发展的过程中生产丰富之智慧足以表露其理想时刻，则开放其幽默之鲜葩”，因为幽默“是智慧之刀的一幌”，而且具有“化学作用”，可使许多复杂的问题变得简单。这确是将“幽默美”的潜移默化力量揭示得一清二楚了。

从心理学角度看幽默是一种精神形式，其特点在于以一种玩笑和奇特的方式表达事物的真实状态。法国诗人布勒东说：“幽默不仅具有某种解放的东西，而且具有某种崇高的、雄伟的东西。”其实，幽默就是在笑声中揭露事物的本质。

老舍说：“幽默是一种心态。我知道有一些人是神经过敏的，每每以过度的

感情看事，而不肯容人，这样的人若是文艺作家，他的作品中必含着强烈的刺激性或牢骚或伤感。他老看别人不顺眼，愿使大家都随着他自己走，或是对自己遭遇流露不满的、伤感的自怜。反之幽默的人便不这样。他既不呼号叫骂看别人都不是东西，也不顾影自怜看自己如一活宝贝，他是由世事中看出可笑之点而技巧地写出来，他自己看出人间的缺欠，也愿使别人看到，不仅是看到，他还承认人类的缺欠。于是人人有可笑之处，他自己也非例外。再往大处一想，人寿百年，而企图无限，根本矛盾可笑，于是笑里带着同情，而幽默乃通于深奥。”

幽默绝不是浅薄，而往往是对社会、对人生的一种深层次的感悟，在幽默气质中闪现着思想的火花。善于幽默的作家，不仅需要机智，更需要真诚。真诚到将自己的内心世界用幽默的笔触袒露给读者，甚至不惜损己娱人。“有时候，不妨嘲笑自己，它会给你带来意想不到的收获。”“笑自己的不完美会有一种人情味。”这种幽默感需要有相当的勇气。因此，幽默气质往往就表现出胸怀宽大、心平气和，会笑而且能笑自己。

用幽默来使自己开心，使自己精神超脱尘世的种种烦恼；用幽默来增加活力，使生活多一点儿情趣；用幽默使自己令人难忘，同时给人以友爱与宽容；用幽默来使自身乐观、豁达——不仅仅如此，幽默还可以润滑严酷的现实，超越其他方法无法达到的限制。幽默的睿智教会我们每一个人学会开心，使生活永远充满快乐。具有幽默气质的人，都有一种超群的人格，能感受到自己的力量，以愉悦的方式表达真诚、大方和心灵的善良，独自应付任何困苦的环境，这样的人最受欢迎。因此幽默气质就像一座桥梁，拉近人与人之间的鸿沟，是奋发向上者和希望与他人建立良好关系者不可缺少的东西，也是每一个希望减轻自己人生重担的人所必须依靠的支柱。

幽默气质特征及其表现

幽默气质，具体来说表现在以下几个方面：

一、睿智

睿智的气质，可意会不可言传，也许事例是最好的启发。

德国诗人歌德在公园里散步，在一条仅能一个人通过的小道上，他遇到了一位曾经尖锐批评过他的批评家，两人越走越近。“我是从来不给蠢货让路的！”批评家傲慢地先开口道。“我却正好相反！”歌德说完，笑着退到路旁。

安徒生很俭朴，戴着旧的帽子在街上行走。有个过路人嘲笑他：“你脑袋上边的那个玩意儿是什么？能算是帽子吗？”安徒生回敬道：“你帽子下边的那个玩意儿是什么？能算是脑袋吗？”

美国第7任总统安德鲁·杰克逊曾经同本顿决斗。本顿一枪击中了杰克逊的左臂，子弹一直留在里面近20年。到1823年医生取出子弹的时候，本顿已经成了杰克逊热情的支持者。杰克逊建议将子弹归还本顿，但本顿谢绝接受，说20年的保管期，已使产权发生了转移，子弹的所有权当属杰克逊了。杰克逊说自从上次决斗到现在只有19年，产权关系没有发生变化。本顿回答说：“鉴于你对子弹的特别照管——一直随身携带——我可以放弃这一年。”

二、乐观

阿根廷著名画家莫迪洛之所以名满天下，不仅在于他的画作有着超时空、超现实的意境，更在于他的幽默所呈现的意涵十分深邃。他采用无字漫画的形式越过了语言的障碍，明确有力地反映了人类不应该有任何隔阂而应和平幸福地生活在一起的思想主张。对于人生，莫迪洛有其独到的见解，他总以乐观的目光审视着人生，尽管看到人生道路上命途多舛，但他并不回避其中的痛苦与烦恼，而是把目光放在未来的光明前景上。

正如他自己所说：“20岁以后我就认识到，不断地处于悲伤状态实在太令人悲伤，那是浪费时间，生命太短暂了，我们意识到这点时就不该用悲观失望的思想来折磨自己。”

莫迪洛说：“人总是信赖未来，不论其最终是否尽如人意。我认为这是人的力量所在，也是人所以顽强地施展才能的原因，它赋予人以创造力和生命力。”他把人生的欢乐，寄托在对环境的制胜力量的充分信任上，把欢乐理解为对挫折的克服，把幸福理解为与命运的抗争，从而真正地进入了乐观人生的境界。

他说：“幽默是对失望的嘲弄……幽默是绝望时的一线生机，是解除人类精神世界中痛苦与烦恼的一剂灵丹妙药。对我而言，幽默是一种温柔，能够帮助人们克服恐惧。”幽默大师莫迪洛用无言的幽默带来了温馨、希望和对生活的乐观态度。

三、自嘲

诺贝尔一生有225种发明，号称“炸药大王”。他的科学生涯坎坷曲折，值得记载的经历很多。可是在他功成名就之后，却多次拒绝要他写自传的建议，不得已他写下了这样一段幽默的话：“阿尔弗雷德·诺贝尔，他那可怜的半条生命，在呱呱坠地之时差点儿断送于一个仁慈的医生之手。主要的美德：保持指甲干净，从不累及别人。主要的过失：没有家室，脾气坏，消化力弱。仅有的一个愿望：不要被人活埋。最大的罪恶：不敬财神。生平主要事迹：无。”

四、机智

萧伯纳年轻的时候便名声大噪了。有一位女演员写信给他，说：“假如我们两人结婚，生了一个孩子，头脑像你，面孔像我，该有多好哟。”萧伯纳接到信，笑了笑，一本正经地给这位女演员回了一封信：“假如往往是不可靠的。要是生的孩子头脑像你，面孔像我，岂不是糟透了？！”

“二战”中，英国首相丘吉尔对英伦之护卫有卓著的功绩。战后英国国会拟通过提案，塑造一尊他的铜像置于公园，让众人景仰。丘吉尔听后回绝道：“多谢大家的好意，我怕鸟儿喜欢在我的铜像上拉粪，还是免了吧！”在丘吉尔75岁生日的茶会上，一名年轻的新闻记者对丘吉尔说：“真希望明年还能来祝贺您的生日。”丘吉尔拍拍年轻人的肩膀说：“我看你的身体这么壮，应该没问题。”

幽默的语言并不是刻意所为，而是心灵智慧的自然流露，就如汩汩的清泉能够不断地流淌，正是因为大地深处有它的源泉。

五、犀利

犀利就是说话能一针见血，抓到要害。

一个笑话说，某女士得了绝症，只能活半年。她向医生请教如何才能过好这半年。医生建议她与一位经济学家结婚，因为经济学家教条、枯燥、无味，“与他在一起度日如年，恨不得早点儿死去”。但是，如果这位女士找的是一位法国经济学家，情况就不同了：

法国议会正在讨论修建从巴黎到马德里的铁路。一位名叫西米奥特的议员建议，铁路在波尔多中断一段，这样就可以使波尔多当地的搬运行李工人，商店、剧院的服务人员及老板，以及轮船上的船员等各种人的收入增加，从而使波尔多的财富增加，法国财富也增加。这位法国经济学家马上说，你讲得太好了，但不必以波尔多为限，翁古拉姆、波尔图、图尔、奥尔良等铁路通过的城市都该这样，法国不就更富了吗？他还建议把这一节节中断的铁路命名为“起反作用的铁路”——不是有利于交通，而是增添麻烦。

当法国执政者建议提高关税，以保护法国工人时，他写信给商业部长说，这个建议真好，因为不让国外锋利的大斧进口，我们就用自己生产的小钝斧干活。大斧砍树要100下，小斧要300下。这样，一小时能干完的活，要三小时才能干完。劳动可以创造财富，三小时创造的财富总比一小时多啊！

这位法国经济学家就是巴师夏，如果这位女士有幸与巴师夏结婚，读这位大师的书，听这位大师讲经济学，她一定会每天开怀大笑，也许绝症被欢乐治愈了呢！

六、意趣

老舍的幽默是具有稳定风格的多元化幽默，老舍的短篇小说《一天》，讲述了主人公“我”忙忙碌碌，一整天都被别人侵占的过程。

晚饭后，吃了两个梨，为的是有助于消化，好早些动手写文章。刚吃完梨，老牛同新婚夫人来了。老牛的“好处”是天生没心没肺。他能不管你多么忙，也不管你的脸长到什么尺寸，要是谈起来，便毫无时间观念。不过，今天是和新妇同来，“我”想他决不会坐那么久。牛夫人的“好处”，恰巧和老牛一样，是天生的没心没肺。

我在八点半的时候就看明白了，大概这二位是要在我这里度蜜月。我的方法都使尽了：看我的稿纸，打个假造的哈欠，造谣说要去看朋友，叫老田上钟弦，问他们什么时候安寝，顺手看看手表……老牛和牛夫人决定比赛谁更没心没肺。晚上10点了，两位连半点儿要走的意思都没有。

一个很烦人的生活细节，被老舍写得意趣盎然。当事人很烦，可读者读起来很有趣，觉得并不烦。

在各种文体中，老舍都体现出一种幽默气质。也正因为如此，人们说老舍是语言大师也是幽默大师。而且他这种幽默不是一般的幽默，是很有品位的。幽默所唤起的是中等程度的笑，哈哈大笑是马戏团小丑突然从马背上掉下来再翻一个跟斗，但那不是幽默。

幽默气质三元素：见识、素养、口才

一个人的幽默谈吐，是同他的聪明才智紧密相连的。因此，这就要求我们有良好的文化素养，丰富的文化知识。如果一个人对古今中外，天南地北的历史典故、风土人情等各种事情都有所了解和掌握，再加上较强的语言驾驭能力，说话就容易生动、活泼和诙谐。古今中外著名的幽默大师往往都是语言大师。幽默并不是矫揉造作，而是自然地流露。有人非常有见地且深有感触地说："我本无心讲笑话，笑话自然从口出。"其中的道理正说明了这一点。

在古今中外浩瀚如海的书籍中，特别是在讽刺小说、喜剧剧本、笑话集和寓言等作品中，关于幽默语言的记述甚多，多多阅读这些作品，可以从中受到启发。此外，还可以多欣赏些滑稽剧、相声等文艺节目，从而开阔眼界，丰富知识。因为幽默是在广闻博见的基础上产生奇妙联想而涌现出的语言，有时只需几句话就能说明许多问题。对实际事物，对历史知识所知甚少的人，一个孤陋寡闻、离群索居的人，是很难把话说幽默的，当然就谈不上有幽默感了。

另外，多读些短小的幽默作品也让人受益匪浅。三国时魏人邯郸淳所撰《笑林》三卷，为我国最古老的笑话专集，读来令人捧腹，如其中一则：鲁国有个人拿着长竹竿进城门，起初他竖着拿，不能进入；后横着拿，也不能进入，怎么也想不出计谋。过了一会儿，有一位老人来，说："我不是圣贤，但是见过的事很多。为什么不用锯当中截断，进入城门？"于是那个人就按照老人讲的截断了竹竿。

故事讽刺了那些愚蠢而又自作聪明的人，幽默风趣包含其中，多读类似作品定有好处。

除要有丰富的知识、良好的文化素养外，还必须有出众的口才，才能使言谈富于幽默感。

著名医生周礼荣在一次讲演中，谈到访问非洲的经历时说："非洲朋友对我们自力更生制造出的高质量的显微镜感到非常惊奇。"接着他话锋一转，向大家介绍这种显微镜的性能，这时，他突然风趣地用起了电视广告语言："上海光学仪器厂出品的显微镜，可以和德国的显微镜相媲美，质量可靠，物美价廉，代办托运，实行三包。"一时间，笑语满堂，气氛活泼轻松。没有知识，没有生活，没有口才，是绝不可能说得如此活灵活现、绘声绘色的。

敏锐的观察力，丰富的想象力

反应迅速是幽默谈吐的特点之一，这就要求说话者思维敏捷，能言善辩。然而，这些又是对生活的深刻体验和对事物认真观察的结果。敏锐的观察力不仅是科学研究中必备的条件，也是产生幽默谈吐的重要因素。

以语言犀利、锋芒毕露见长的英国生物学家赫胥黎，在一次讲演中勇敢抨击了当时的社会对科学极不公正的态度，他说："科学这位'灰姑娘'天天生起火来，打扫房间，准备餐食；而到头来，人们给她的报酬，则是把她叫作贱货，说她只配关心低级的物资的利益。"60岁那年，他怀着既沉重又难舍的心情辞去了英国皇家学会会长的职务。他在一次讲话中说："我的理智和良心已经指出，我已经无法完成这个会长职位的各项重大任务，所以我一分钟也不能干下去了。"这位德高望重的老人痛心地讲完上述话语后，又不无谐趣地对朋友们说："我刚刚宣读完了我去世的官方讣告。"

赫胥黎以拟人化的比喻，将教会和习惯势力摧残扼杀科学的狰狞面目揭示得淋漓尽致，因而具有震撼人心的力量。他又风趣幽默地将辞职演说喻作"官方讣告"，这正是他自己复杂、痛苦的内心写照。科学家如果没有对事物入木三分的观察力，无论如何也说不出如此传神的话语。

要把话说得幽默，要做到"意料之外，情理之中"，没有丰富的想象力是难以奏效的。必须能够把一件平凡的事物由里往外、由外往里看个透，一两句话就能把那讳莫如深的东西端出来，凭借丰富的想象力创造幽默，从人们熟视无睹的现象中创造出别人不曾问津的东西。每个人都具有想象力和创造力，切莫自己束缚自己。

另外，一个人的幽默感同他的社会活动紧密相连。要使自己的语言幽默，最好的办法是向生活学习，向社会学习。

中外无数的大政治家、大思想家、大文豪都是极富幽默感的人，我们的周围也不乏颇富幽默感的人。跟各行各业的人聊天，你会经常意外地发现他们运用语言之妙，表达之风趣，足以令人倾倒。在与各种各样的人接触的过程中，你会增强自己语言的库存和会话的才能。幽默，也是一种酵母，跟幽默的人在一起待长了，自己就会受到"传染"。要有意识地多接近幽默感强的人，通过与他们的接触与交谈，增强自己的幽默感。

幽默离不开言语的健康和新颖

说话幽默风趣，切忌出怪相、油腔滑调或低级趣味。

虽然我们不能苛刻地要求幽默的语言都有深刻的思想含义，因为它是一种诙谐风趣的语言，但一定要健康，切莫庸俗、轻浮，也不能混同无聊的调笑。

例如，有的人嘲笑人家的生理缺陷，如口吃，跛脚等，这是很不道德的。又如，有的人对男女之间的话题津津乐道，绘声绘色，以此哗众取宠，博得哈哈一笑。这样非但不能表现你的幽默，反而只能显露你的庸俗和浅薄。幽默的出发点应当是善意的，有利于团结和身心健康的。

说话人含而不露的神情会增加幽默的效果，因此，谈吐宜含不宜露，宜淡不宜浓。我们都有这样的体会，一个人在说笑话之前，如果自己已经笑得前仰后合，笑得透不过气来，就很难让别人产生幽默感。另外，幽默也不能过于深奥，应通俗易懂，否则像猜谜一样，百思不得其解，也达不到让人发笑的效果。

最后，再提一下，人们对新鲜东西最感兴趣。因此，即使是很幽默的话，讲了多遍也会使人厌烦。因此话应力求新颖，言人之未言，发人之未发。

幽默是“吹”出来的

荒谬的夸张几乎总能引起人们发笑，因为荒谬夸张本身包含了不协调，从而能够产生强烈的幽默效果。

以相声《笑的研究》为例：

甲：常言说，笑一笑，少一少。

乙：不，应该是：笑一笑，十年少。

甲：一笑就年轻十岁？

乙：啊！

甲：你这是定期的！我那是活期的。

乙：我们俩存款呢。

甲：你这理论不可靠！

乙：怎么？

甲：那谁还敢听相声？

乙：怎么不敢听啊？

甲：你今年多大岁数？

乙：四十。

甲：笑一回剩三十，笑二回剩二十，笑三回剩十岁，说什么也不敢再笑了。

乙：怎么？

甲：再一笑没啦！来的时候骑车子，走的时候抱走啦！剧场改托儿所啦！

这就是夸张。但这里的夸张不是纯粹的荒谬的夸张。所谓纯粹、荒谬的夸张，指的是放开胆子吹牛。可以说相声如果没有夸张，便几乎不称其为相声。夸张也是幽默的重要基石，它能使平凡的生活琐事被放大一层，从而产生强烈的幽默感。

吹牛大王不仅中国有，老外中也有不少。

一个法国人、一个英国人和一个美国人在一起吹嘘他们本国的火车如何快。

法国人说："在我们国家，火车快极了，路旁的电线杆看起来就像花园中的栅栏一样。"

英国人忙接上说："我们国家的火车真是太快了！得往车轮上不断地泼水，不然的话，车轮就会变得白热化，甚至熔化。"

"那又有什么了不起！"美国人不以为然地说，"有一次，我在国内旅行，我女儿到车站送我。我刚坐好，车就开动了。我连忙把身子探出窗口去吻女儿，却不料吻着了离我女儿6英里远的一个满脸黑乎乎的农村老太婆。"

吹牛的笑语很多，平时既可收集，也可以创作。美国有个吹牛者俱乐部，专以荒谬夸张吹牛为乐，可见这种幽默技巧之实用。

歪打正着，幽默不断

有这样一段对话。

某人有一次在宴席上问鲁迅："先生，你为什么鼻子塌？"

鲁迅笑着回答他说："碰壁碰的。"

鲁迅的回答，既有对社会现实的不满，又有对自己生活坎坷经历的嘲讽，这样丰富的具有社会意义的内容与“塌鼻梁”这样一个丑陋的自然生理特征结合在一起，便产生了无法言喻的幽默感。

对事情进行似是而非，甚至是牛头不对马嘴的解释，能表达调侃之情，产生幽默之趣。这种方法被称为“歪解法”。下面请看歪解运用的几则实例。

甲：咸鸭蛋为什么是咸的？

乙：咸鸭蛋是咸鸭子生的！

甲：鱼为什么生活在水里？

乙：因为地上有猫。

甲：你的狗生跳蚤吗？

乙：不，它只生小狗。

甲：简述母乳喂养的好处。

乙：便于携带。

以上歪解而产生的幽默，要么得力于幽默者的“智错”，要么得力于幽默者的“奇诡”，均令人哑然失笑，过耳不忘。

运用歪解法，可以放开想象的翅膀，对事物进行随心所欲的解释，所以，很多聪明之士常常用它解难。

在歪解幽默的运用上，不能不单独提一笔的是美国人安·比尔斯的著作《魔鬼辞典》，这部西方最负盛名的讽刺、幽默、调侃反语辞典，是集“歪解法”之大成的经典之作。仔细阅读《魔鬼辞典》词条的解释，貌似歪理，而许多时候都是在从不同的角度去描述一种真实。

这也提醒我们，在看待“歪解法”炮制的幽默时，不要以为全是歪得没谱，应注意歪打正着！

故作精细“幽”一把

生活中有些模糊之处，本不需要精细，比如每天吃多少粒米饭，每天走多少步等，这些事情要是也精细统计起来，就显得十分可笑了。故作精细就是在无须精确计算之处，却用非常精确的数字表达，或者应该模糊之处却做了精确划分。

有一个从未管过自己孩子的统计学家，在妻子要外出买东西时，勉强答应照看一下四个年幼好动的孩子。当妻子回家时，他交给妻子一张纸条，上面写着：

“擦眼泪11次；系鞋带15次；给每个孩子吹玩具气球各5次；每个气球的平均寿命10秒钟；警告孩子不要横穿马路26次；孩子坚持要穿过马路26次；我还想再过这样的星期六0次。”

统计学家很精确，因为不精确，他的科学研究就无法进行。可是“精确”成了他的习惯动作，成了职业病，所以，即使是在看小孩子这样的“非科研问题”上，也要进行精确统计，这不仅不协调，也十分可笑。

比尔违反制度，上班时间去理发，恰巧被经理发现。

经理说：“我看见你上班时间在理发。”

“是的，先生。”比尔平静地说，“可头发是在上班时间长的呀。”

“不全是这样。”经理说，“有些头发不是上班时间长的。”

“先生，您说得好。”比尔客气地说，“所以我只剪掉了上班时间长的那部分，而业余时间的还留在头上没剪掉呀！”

比尔平时肯定是个松松垮垮、很不严谨的人，但是他在这场论辩中却很严谨，很精细。经理的口才实在不高明。比尔说头发是在上班时间长的，本是一句诡辩，经理没有及时指出其谬误，反倒顺着谬误的思路走下去，说有些头发不是上班时间长的。这下可给比尔抓住了话柄，比尔以此推理，精细划分：有些头发是上班时间长的，那么另一些就是业余时间长的，而我只剪掉了上班时长的头发，业余时间长的都留着呢。

比尔把头发分为上班时间长的和业余时间长的，以此来为自己辩护，精细之中可见其论辩的智慧和幽默。

信口开河，随意成趣

随意成趣，是对产生幽默趣味的种种技巧的综合运用，乍一听，是信口开河，再一想，却耐人寻味。

我们这里所说的随意，并不像海市蜃楼那样虚无缥缈，让人难以捉摸，而是贴近生活的，完全可以套用一句搓麻将的术语来形容——自摸。

随意就是顺其自然，自然才能成趣。运用“随意成趣”的幽默技巧，要具备两个条件：一是和谐，二是自然。

夏夜，有个人在朋友家小坐。

“啪”的一声，他打死一只蚊子。一摸，胳膊上已经鼓起一个大包。

“咦！这蚊子怎么专叮外来人啊？”

“这是我们家的看家蚊子！”男主人笑了。

“哼！”女主人借题发挥，“连我家的蚊子也学会喜新厌旧了。”

一时不知道这话里包的是什么馅，客人坐也不是，走也不是。

“嗯……啊……明白明白……”客人突然自言自语，念念有词。

“你在跟谁说话呢？”女主人惊异地问。

“你没看到你们家的看家蚊子在跟我咬耳朵吗？”

“那它跟你说什么？”女主人脸上的乌云散开了。

“它说哼哼哼，又说嗡嗡嗡。听懂了吧？”

“我又不是蚊子！”女主人忍不住笑了。

“它对我说，我咬了你一口，才知道你是个男的，要不然，我还当你是第三者插足呢。”

大家都笑了。幽默趣味驱散了夫妻间即将发生的一场风波。

暗示幽默要会说也会悟

“暗示幽默”即对事物表达自己的看法，不是通过直说，而是通过种种可能进行曲解，以此达到幽默效果的幽默技巧。

“暗示幽默”广为人们喜爱，其原因在于它在多方面照顾了人们的面子。比如面子后面躲着自尊，如果有人在某些方面伤害了你，你用露骨的方法去刺他，不论他的面子后有没有修养，它都不允许自己被刺，仇恨、报复也由此产生了。

如果运用“暗示幽默”来解决，首先照顾了他的面子，而婉转曲折的话语却能达到应有的目的。一方面他会知难而退，另一方面，他会因照顾了面子而对你有钦佩和感激之情。

有一对夫妇，丈夫做错了一件事，妻子不但不理解，反而唠叨得令人生厌。于是，丈夫火气十足地说："请别这样唠唠叨叨了好不好，不然，我要在桌上痛打十巴掌了。"

"关我屁事，打呀，打。"想到肉痛的不是她自己，妻子反而火上浇油。

"但是，"丈夫道，"经过这十巴掌的锻炼，第十一巴掌打在肉上可就有功夫了。"

妻子戛然而止。大概她领会了丈夫内心的火气，不想让脸作为丈夫练功夫的沙袋吧。

在这个幽默里，丈夫打了十巴掌，第十一个巴掌打在什么地方，就是一种暗示。这个暗示包含了如下意思：我心里很火、很烦，需要理解和清静。现在我得不到这些，反而遭受另一种折磨，我有点儿忍无可忍了。因此，你最好住口，否则就别怪我不客气了。"功夫"一词，承担了幽默的任务，这就是"暗示幽默"。

有一对情人正在热恋中。一天晚饭后，他们一起出去散步，来到了河滩上，看见一头牛在默默地吃草，缓缓地移动。小伙子指着牛说："看那头牛多好呀，悠然自得，乐不思返。"

姑娘微微一笑说："那头牛好是好，但也有不尽如人意的地方。"

小伙子说："怎样才能尽如人意？"

姑娘道："要是这头牛吃了晚饭，把碗筷统统端进厨房洗了，就尽如人意了。"

小伙子不好意思地笑了，显然是接受了姑娘这幽默的暗示，想起了自己在未来的岳母家吃了饭便一丢碗筷的毛病，可能会使岳母嘟起嘴巴。

幽默多一些，成功多一些

要使自己也成为幽默家，就要把他人的幽默人格变为自己的幽默人格。幽默不是从天上掉下来，也不是用金钱能买得到的，关键在于，我们在运用幽默之前，首先要努力创造并逐步发展自己的幽默感。

一天，德国著名作家、诗人海涅收到一个朋友寄来的一封分量很重的欠邮资的信。他取这封信时，付了一定数目的钱。拆开封皮一看，原来是一大捆包装纸，把包装纸一层一层地揭开后，里面有一张小纸条：

“我很好，你放心吧，你的N。”

海涅的朋友很快也收到一个欠邮资的包裹，包裹很重，他以为里面一定有贵重的东西，为取这个包裹，他不得不付出一大笔现金。原来包裹里面装的是一个大石头，石头下面也有一张纸条：

“当我知道你很好时，我心里的这块石头也就落地了。”

看了这则幽默，我们不禁捧腹大笑。透过这滑稽的故事，我们看到了海涅幽默的人格。他在待人处事方面意味深长，给人一种轻松的欢笑感，在语言方面给人一种风趣感，在增强幽默感方面又给人以启发。

在日常生活、工作中，也要提升自己的趣味性，怀着好玩有趣的情绪多多表达自己：“我这个人也是有趣的！我们一起欢笑，互相信任，我能够取笑自己，而决不会取笑别人！”

你自己充满了趣味，一旦被周围的人所发现，他们就会喜欢你、信任你，更重要的是乐意和你来往、交谈。他们会觉得找到了一个可以倾诉的对象，把烦恼和挫折的事儿告诉你，也不会担心被耻笑。当你把幽默当“礼物”送给别人，你就免不了会从他人那儿得到许多有用的东西，学到幽默。别人信任你，乐于同你在一起，同你一道工作，你便有了向上的力量，如虎添翼。

总而言之，尽管每个人成功的得力点不尽相同，但不少人都是将好玩有趣的精神变为幽默而取得成功的。只要我们持之以恒地努力，学会用幽默帮助别人，人家也会来帮助我们，我们是完全可以加强自己的幽默感，将幽默变成自己的人格的。

妙语连珠：在生活中训练幽默感

幽默，离不开语言，要使自己具有更多的幽默素质，就要进行语言的训练。

宋朝著名爱国诗人陆游，曾对儿子说过这样一句话：“汝果欲学诗，工夫在诗外。”虽谈的是诗，但这句话用在幽默也是一样。

幽默是言语间闪现的智慧火花，但要做到妙语连珠，就要在实践中加强多方面素质和基本功的训练。

演讲要吸引人，当然少不了“生动有趣”四个字，而生动有趣又非用幽默不可，故演讲需要幽默。

另外，幽默也需要演讲，或者说需要说话。幽默虽属于人们思想的产物，但它毕竟要被人表达出来，才能发挥固有的作用。例如娱乐他人、开导他人、自我辩解等。

一个构思巧妙的幽默，被人们说出来时不一定是幽默——这全看说幽默的人是否善于把它表达出来。同一幽默故事的不同表达，其效果相距甚远。

那么，讲成功的奥秘在何处？这里简略地提几点：

（1）在讲幽默之前切莫自己先笑起来，也不要作言过其实的应允或过分的谦虚，要开门见山。

（2）在幽默中，情节是最重要的，人物是次要的，因此，介绍人物要尽量简单。如幽默小故事“谁的画”，介绍人物短短的一句话，情节的描述也十分简练：美国大画家惠斯勒，有一天随朋友去访问伦敦的某个百万富翁。一走进那华丽的客厅，他就发现墙壁上挂着一幅他自己的画。他仔细地看了看，对于这幅多年前的作品，很不满意。

于是，他取出画笔和颜料，在那画上用快笔加以修改。

“你这是干什么？”主人一见，大为震惊地说，“你是谁，敢在我的画上乱涂！”

“你的画？”惠斯勒不动声色地回答说，“你以为付了钱就成为你的了吗？”

（3）切忌平铺直叙，不能用同一速度和调子来表达，在讲关键的词句语段时，如上文的“你以为付了钱就成为你的了吗”速度应减慢，并且要加重语气。

（4）既不可没精打采，又不可矫揉造作。即使是讲一两句话的小幽默，也要表现出你的兴趣，多做快活动作。

除以上几点外，方法还有很多，如眼睛要与听众的眼睛始终保持联系；用词，特别是表示动作的词汇要尽力简单等，都应予以注意。

第16章 腹有诗书，清香脉脉——经营你的书香气质

什么是书香气质

柔韧自持，幽静绽放，带着并不耀眼的光辉，静静地散发智慧的吸引力，只有“书香气质”才会令人在不知不觉中沉醉，而它的主人则拈花而笑。

从前古人为防止蠹虫咬食书籍，便在书中放置一种芸香草，芸香草亦称芸草，产于我国西部，这种草有一种特别的清香之气，夹有这种草的书籍打开之后清香袭人，故而称之为“书香”。一个具有书香气质的人，也仿佛从身上散发出淡淡清香，品之欲醉。

说到书香气质，当然离不开书。人的气质文雅卑俗、清明混浊，往往与读书紧密相关。莎士比亚说：“书籍是全世界的营养品。”凯勒说：“一本书像一艘船，带领我们从狭隘的地方，驶向无限广阔的海洋。”高尔基说：“我爱书，每一本书都为我打开了一扇面向新世界的窗户。”

书对人生有非常重要的意义，比如读书能增长知识、陶冶情操、提高品位，等等。更为重要的是，在书的背后有着另一个绚丽的世界、安宁的世界、博大的世界。在那里，鲜花盛开，云蒸霞蔚，人仿佛得到了重生。

腹有诗书气自华，那些装腔作势附庸风雅的人则往往因形式大于内容，气质也就趋于浮躁。读书人的感性、直觉造就的是理性的深刻思想，这种体验意味着令人神往的精神追求。因此书香气质往往是以沉静的理性气质为基础的。

其实不仅是书，自然世界里的诸多现象一旦经由人的心灵感悟和深切思考，都将会充满思辨之美、统一和谐之美，散发出浓厚的人文关怀和生活哲理的气息，对人生很具有启迪性，对个人气质也很具有陶冶性。

一花一世界，所谓书香气质的神韵，往往只可意会不可言传。

书香气质特征及表现

书香气质，具体表现为以下几方面的特征：

一、知性

知性气质洋溢着一种理性的智慧光芒，不是直觉的感性，而是智慧的警醒。知性并不意味着没有强烈的情绪情感因素，而是说与理性色彩极浓的冷静观察相比，情绪不再张扬，而显得节制，情感也不那么粗放，而显得聚敛。

有些知性女人给人的感觉总是无比熟稔和过瘾，她们已被时光打磨得异常圆润和干练，岁月的沉淀悄悄堆积成诱人的魅力，大有厚积薄发之势，流淌的尽是张扬和自信，一举手、一投足、一回眸，都是属于女人独立的精彩。

二、含蓄

含蓄的气质包括一种寓意性、象征性和哲理性，使人感到神韵无穷，具有发人深省的美感和力量。

含蓄的书香气质之所以让人感动，因之不是棒喝的顿悟，而是修习的渐悟。含蓄的气质充溢着饱满的才华，如同一根针灸师手中的细针，在你不经意间，猛一下针尖就穿透了你敏感的皮肤，进入了你的肌肉，感受蔓延到你的神经、精神，可谓“沁人心脾”。

三、灵锐

说到灵锐的气质，就想起张爱玲翻译的《爱默生选集》，她在译者序中说：“他（爱默生）并不希望有信徒，因为他的目的并非领导人们走向他，而是领导人们走向他们自己，发现他们自己。每一个人都是伟大的，每一个人都应当有自己的思想。”独立的思想，怀疑的精神，精致的感情，敏锐的才情，概括了灵锐气质的内涵。

张爱玲就是最典型的代表，称她是中国文学史上的一个“异数”当不为过。文字在她的笔下，灵锐而有了生命。张爱玲是世俗的，但是世俗得如此精致却几乎别无第二人可以相比。张爱玲最有名的一本集子取名叫《传奇》，此二字用来形容张爱玲的一生是最恰当不过了。张爱玲有显赫的家世，不快乐的童年，婚姻也是一个大不幸，文坛成名后却远走他乡。她在美国深居简出，过着与世隔绝的生活，最后孤独地离开。以至有人说：“只有张爱玲才可以同时承受灿烂夺目的喧闹与极度的孤寂。”

就技巧而言，在文学领域，张爱玲可以说是炉火纯青了。语言的精当，感觉的准确和细腻，结构的天衣无缝，意境的凄迷哀婉，无人可以望其项背。精致聪明的叙述和阅尽人生悲凉的情怀的糅合，创造了令人过目难忘的艺术效果。

张爱玲是个思想独立的人。她既不信中国文明的教条，也不信西洋文明的教条。她是个怀疑论者，但她不是虚无主义者。她轻松地跳出所有圈子，从极高处来看问题。她尽兴享受着尘世的繁华，把日子过得有滋有味；对周围的人与事，她总是站在一旁，“阴阴地，不怀好意地一笑”。读张爱玲的作品，如果只见其怨，那是糟蹋了她。跟着她一起笑的人，才算懂她。她是真的敢于“直面惨淡的人生，正视淋漓的鲜血”。在张爱玲的脸上总有一抹疲倦、玩世的微笑，显露出她敏锐的怀疑。

灵锐的书香气质，直抵人心深处，没有妥协，有的只是深刻地快刀割肉地揭示着人性那些最本质的东西，让有的人痛快淋漓，有的人恨之入骨。

四、洒脱

洒脱的气质是行者无疆的气质，余秋雨说行者无疆就是行者独步于遥远的旷野，遭遇种种难题，只因为心中执着的信任，敢于把世界上任何一片土地放在脚下，踱步出一望无垠的疆土。

余秋雨所著的散文集《千年一叹》《山居笔记》《行者无疆》《霜冷长河》《文化苦旅》具有很高的知名度，而且非常畅销。其中《文化苦旅》先后获上海市文学艺术优秀成果奖、台湾《联合报》“读书人”最佳书奖、金石堂最具影响力书奖、上海市出版一等奖等。他在1983年出版了《戏剧理论史稿》，此书是中国大陆首部完整阐释世界各国自远古到现代的文化发展和戏剧思想的史论著作，在出版后次年，即获全国首届戏剧理论著作奖，十年后获文化部全国优秀教材一等奖，其学术成就可见一二。

余秋雨在《文化苦旅》的自序中这样写道：“我无法不老，但我还有可能年轻。我不敢对我们过于庞大的文化有什么祝祈，却希望自己笔下的文字能有一种苦涩后的回味，焦灼后的会心，冥思后的放松，苍老后的年轻。”

这种洒脱的书香气质如荡过草原的风，纵横不羁、酣畅淋漓，又饱满细腻，透着敏捷的才思，同时这种气质的形成意味着文学根基雄厚，知识层面广阔，而唯有心灵的洒脱，乃至童心不泯，才能付之于形，形神兼备。

五、腹有诗书气自华

东山魁夷写道：“我心中有一条路，这条路既不是明朗的骄阳普照的路，也不是笼罩着凄迷的暗淡阴影的路，而是一条在清晨微明中，平静安详地呼吸着的、坦荡的、自由自在的路。”在静谧中你的心灵是否被悄悄地触动？回顾自己的人生体验，你的人生之路是否洋溢着淡淡的平静而安详的书香？

书香气来自书卷气

书香气采自于书卷，得益于孜孜不倦的阅读。

书，是人类灵魂最好的滋养品。现代人要想拥有精彩的人生，一定要读书，而且是读得越多越好。因为书会使你从骨子里散发书香气，提升品位，教你如何做一个智慧的人。

“读史使人明智，读诗使人灵秀，数学使人周密，自然哲学使人精邃，伦理学使人庄重，逻辑修辞学使人善辩。”培根在《随笔录·论读书》中写出了读书的益处。

喜欢读书的人内心是一幅内涵丰富的画，文字可以书写性情、陶冶情操。喜欢读书的人常常是有修养、有素质的人。一个人最吸引人的地方就在于他丰富的内心世界，从而表露出来的优雅气质。“书中自有黄金屋，书中自有颜如玉。”岁月的流逝可以带走人美好的容颜，却无法带走人越来越丰盈和优雅的心灵。书籍，是人永不过时的生命保鲜剂。

“腹有诗书气自华”，书一本一本被人读下肚的时候，书中的内容便化成了营养从身体里面滋润着我们，由此人的面貌开始焕发出迷人的光彩，那光彩优雅而绝不显山露水，那光彩经得起时间的冲刷，经得起岁月的腐蚀，更经得起人们一次次地细读。正因为如此，你将不再畏惧年龄，不会因为几丝小小的皱纹而苦恼。因为你已经拥有了一颗属于自己的智慧心灵，有自己丰富的情感体验，你生活中的点点滴滴，将会书香四溢。

社会日新月异，每一天都在发生着变化，所以，我们需要博览群书，放眼世界。而且在广泛阅读的同时，还要善于思考，不盲从，也不偏执，这样才能培养丰富和广博的心灵。

书是人永恒的伴侣，他不弃不离，始终如一，永远都在奉献，从不索取回报。书还是保持个人魅力的法宝，让皱纹迟到，让青春不老，是每一个人心中的梦想。女人青春不老的法则就是：多读书，让自己的心态年轻起来。一个与时代同步的人，一定会是一个喜欢读书的人，书会让他从内而外都散发出迷人的光彩。

学识，书香气质的基石

拥有学识是很重要的，因为它是帮你完成人生目标的基础。一个人拥有靓丽的外表会是做事情的捷径，但拥有学识却是为你所憧憬的目标的实现奠定了基石。

学识能使人洋溢出与众不同的高雅气质。因为读书能修身养性，陶冶情操，能提高人的思维能力，扩展人的学识视野，净化人的心灵。

一个人如果拥有较高的学识，不但会有修养，而且还会有思想、有深度，会焕发出一种沉静端庄和雍容文雅的书香气态。

一个有学识的人，他的生活通常都比较充实，虽然有时也有那么一些人看起来外在形象欠佳，但是透过他们的外表看其内在，却能发现他们相当成熟、稳重、自信、有内涵、有气质，潜在地散发着一种迷人的魅力。

在现实生活中，大凡有学识的人，通常都知书达理，一个知书达理的人，才能与人为善，才能博得周围人的认可，才能受到众人的欣赏和欢迎。

拥有学识的人，谈吐不凡，所有的话语从他们的口中说出来，如同春雨般沁人心田。不论何时何地、何种问题，他们都会依据自己的知识，有独特的看法与独到的见解。在别人绞尽脑汁、不知如何解决问题时，他们会根据自己的经验和积累来辨明问题，解决问题。

学识，不仅仅是饱览诗书，通晓琴棋书画，更主要的是一种内在的气质，是一种内涵，是一种聪明的展示，是处世的灵活机巧，是丰富经验的积累，是面面俱到的思考。这种深情，这种语言，如诗如画的意境，只可意会，不可言传。

有学识的人往往学业优秀，才华出众，谈吐不凡，举止高雅，学识与优雅兼具，让周围的人由衷地钦佩和赞赏。他们不仅是生活上的伙伴，更是良师益友，在生活的细微之处，平常之时，显示出其见识的广博和智慧的力量。他们举手投足间散发出人性的美丽与高贵，书香气贯穿着他们的生命与生活，也成就了他们健康富足的丰盛人生。

阅读，让心灵浸润书香气

书籍是人类的营养品。选择了什么样的“文字食物”，就决定了你有可能具备什么样的精神品质。阅读，不仅是一种“知识哺乳”的过程，也是一种锻炼思维的运动，是智力体操、神经按摩，更是心灵抚慰。阅读的意义在于，它在超越世俗生活的层面上，建立起精神生活的世界。一个人的阅读史，即是他的心灵发育史。

每一个人都是阅读的主人。阅读是为了活着，快乐地活着，有灵魂地活着，高质量地活着，成为一个真正意义上活着的人。

阅读使文字具有了永恒的价值，它比图像更空灵，比记忆更清晰，比冥想更深邃。它让你站在巨人的肩膀之上，让你凌驾于伟人的思考之上。阅读是人社会化的重要途径，它把自然人转化为社会人。我们所认识的世界、人生、社会，很多都源于阅读。

阅读与人生同步，却可以与时间逆行，揭晓迷离的过去，抵达遥远的未来。它可以开启无数个维度空间，让思想纵横，通向伟大的心灵，为人类开辟了一个遥望世界的无限星空。

阅读是幸福的发祥地。缜密的逻辑，深奥的思想，崇高的境界，伟大的灵魂，都环拥着阅读者。你可以视通四海，思接千古，与智者交谈，与伟人对话。做一个读书人，就是做一个幸福的人。

拟订读书计划，与书结伴过一生

我国汉代文学家刘向说：“书犹药也，善读之可以医愚。”要拥有智慧知性的书香气质，最好的办法就是养成阅读好书的习惯，让自己在这样一个喧嚣的世界里，拥有一颗宁静的心。

美国前总统罗斯福的夫人曾说：“我们必须让我们的青年人养成一种能够阅读好书的习惯，这种习惯是一种宝物，值得双手捧着，看着它，别把它丢掉。”如果你每天阅读15分钟，这意味着你将一周读半本书，一个月读两本书，一年读大约20本书，一生读1000本或超过1000本书。这是一个简单易行的博览群书的办法。

找出自己每天的15分钟，最好是每天的固定时间，这样所有其他的空闲时间就都是额外收获了。我们唯一需要的是读书的决心，有了决心，不管多忙，你一定能找到这15分钟。这15分钟里的每一秒都不应该浪费，事先把要读的书准备好，穿衣服的时候就把书放在口袋里，床上放上一本书，卫生间放一本书，饭桌旁边也放一本，书架上、书桌上、永远不能让书本缺席。当你心生烦恼或忧愁或觉得形单影只，或觉得受到委屈、沮丧、有怨恨情绪时，请把与你的心境有关的书籍抽出来阅读。

刚开始拟订自己的读书计划时，忌“偏食”，不能只读今人书，不读古人书；也不能只读母语书，不读外语书；还不能只读自己感兴趣的一类书，不读其他兴致不大的书。若要让自己的所思所想所表述具有世界眼光和历史意识，就必须充实、平衡自己的知识结构，让它不偏不倚。早年的学者们已经给我们做出了榜样，如严复、辜鸿铭、梁启超、鲁迅、陈寅恪，等等，无不博古通今，学贯中西。只有这样才能得到具有永恒价值的文化财富，让自己拥有散发智慧芳香的理性气质。

爱读会读善读，书香气质读出来

要想到达更高的境界，还得讲究怎样读书。一个人要有书香气，不但要爱读书，还要会读书、善读书。

有人曾总结过，读书大概有三个层次，三种境界。

第一个层次，或者说读书的第一重境界，就是见书就读，什么书都读。学生时代往往如此，这样也有利于扩大视野、博古通今。比如中国四大名著，或当代文学杂志，以及西方大师级作家的作品，像莎士比亚、歌德、福克纳、海明威、博尔赫斯等，从类别上所有人文类图书如历史、哲学、人类学、心理学书籍等都可以通读。

读书的第二个层次，就是读一部分特别喜欢的作家的作品。到这个阶段，你会发现，你越来越喜欢一小部分作家，甚至是一些作家的小部分作品，这时你就可以缩小范围了。你会意识到原来你的兴趣和兴奋点在哪些作家身上，也许他们只有十几个人，但是你应该读他们的全集和文集，甚至还该读有关他们的传记、研究资料和他所处时代的其他背景资料，这样，你会把这些作家吃透，会明白，他们在他们的时代里到底是如何思考、写作和生活的，明白从人到文，你为什么喜欢这些作家和作品。

然后是读书的第三个层次，这是最高境界了。那就是只读一本或几本你最最喜欢的书，或者反复阅读你喜欢的一两个作家，然后精心研究他的作品。这个境界是很难达到的。很多人在达到读书的第一种境界之后，就不再深入了；第二种境界，很多人也达到了，他们在阅读小范围的真正感兴趣的作家之后，也许会变成和那些杰出的作者一样的人。而第三种境界，需要你去确定阅读一本书的时候，这多少变得有些困难了，因为你很难确定最喜欢的是哪一本书，它到底在哪里。

人类文化是一个金字塔，人类的精神现象是有高度的，一旦你攀到了一定的高度，那么这之下的很多东西就不用理会了。比如，很多书，只需要读它开头的几句话，再随便翻一翻，就知道这本书处在什么样的精神和创新层次。这样读下来，书香气质也就不期而至了。

从传统文化中汲取书香精华

在我国民族文化传统中，经典古籍构成了核心。经典古籍不仅传承着中华民族奋斗的历史，而且传承着中华民族的基本精神。所谓中华文化经典，是指中国历史上长期公认的体现圣贤义理之学并具有深远影响的代表作；所谓精华，是指经典中最能体现圣贤义理的核心价值，即最能体现常道常理所蕴含的思想精髓；所谓必读，是指作为一个文化意义上的中国人必须了解的最基本的文化教程。

《诗经》《书经》《易经》《春秋》《孝经》《论语》《孟子》《大学》《中庸》是经学，《荀子》《春秋繁露》《中说》是子学，濂洛关闽是理学，阳明学是心学。这包含了中国传统圣贤义理之学中的完整架构，即包含了中国传统学术中的经学、子学、理学和心学。

《六经》是春秋时孔子教学的教材，《荀子》《春秋繁露》《中说》分别是先秦、汉、隋末私学中教学的教材，《四书》是元以后官学中教学的教材，《近思录》《传习录》则是宋明书院中教学的教材。

读古人书，与古贤为伍。古人、古贤、古书，都是传统文化积淀的代称，接触多了，势必使一个人的气质发生潜移默化的变化。

以陈思王曹植为例，他一生经历了前期的春风得意和后期的焦虑忧患，终于成就了诗歌史上的千古英名，成为建安文学的代表。他的诗歌和气质受《诗经》中的“国风”影响最深。《诗经》尤其是国风，在现实生活的滋养下，具有“吟咏情性”和“发乎情”的真率自然特质。曹植的诗歌同样具备这些特征，只不过曹植在直率自然的基本格调下，多了些幽怨和缱绻，因此也就在一定程度上有了“变风”和“小雅”的特点。且看钟嵘在《诗品》中对曹植的评价：“其源出于《国风》。骨气奇高，词采华茂，情兼雅怨，体被文质，粲溢古今，卓尔不群。嗟乎！”

领略琴棋书画的风韵雅致

除了读书之外，琴棋书画，人生四韵，蕴涵着迷人的东方情韵，犹如一缕淡淡的幽香，让人充分领略到中国传统文化的风韵雅致，也是培养书香气质不可缺少的瑰宝。

一、琴

琴棋书画，琴居其首。琴心剑胆，柔情侠骨，这是最美的境界。你可以自己弹唱，买一个自己喜欢的乐器，琴、古筝、琵琶、二胡、吉他、笛子，哪怕是一个口琴，把自己的心情散发到音乐当中去。

二、棋

天地日月小，棋中乾坤大。一提到棋，总是让人感觉到它是那样的古远，特别是那落棋之音，清脆得像大珠小珠落玉盘，厚重得像铁锤掷地，充满神秘感。

人的智慧通过下棋可提升到一定高度。不是有人说“棋风如其人”吗？性格稳重的人，下棋也就不急不慢，步步为营；性格浮躁的人，则不假思索，一股脑儿地把对方直往死里逼，到了最后却败下阵来。为人谦虚，下棋时每一步都谦让，而为人好胜，棋风也就只善攻不善守。

三、书

我们看到的国画，往往是字中有画，画中有字。也就是说书法往往和国画是分不开的。书法也是一种艺术，古人把书法当作陶冶情操、修身养性的艺术。

无论是字画，还是文房四宝，都讲究其艺术精巧，它们也是一种品位和修养。

书法作品除了注重字的点画之外，还有就是结构章法。有的人喜欢用横幅，从右到左，挥毫泼墨，有的收敛，有的伸长，却又在情理当中；有的人喜欢条幅，从上到下，飞流直下，看似弱柳扶风，却柔韧有力。欣赏书法作品除了观摩章法之外，应该还有其表现的风格和性情。有的书法作品中规中矩、温文敦厚，想必书法家书写时，心如止水；有的书法作品气势犹如大海之海啸，黄河之奔腾，书法家书写时应是满腔豪情。

四、画

国画应从构图、线条、神态、气势、用墨轻重等方面来欣赏，比如明朝范宽的《溪山行旅图轴》，此画采高远法，图大景宽，气势逼人，层次丰富，墨色凝重浑厚，是一件有深远影响的不朽杰作。

懂得欣赏画的人，不一定有出众的外表，但一定都有绝对的魅力，这种魅力产生于那种行云流水般的神态，产生于古朴典雅的美感。把绘画的艺术融入自己的衣着和谈吐中，华贵而又不失典雅。这样的气质是那么的迷人，其笑容让人遐思不已，把心灵的美表现得淋漓尽致。

品读诗词歌赋，怡情养性益智

如果不熟读一些中国古典诗词歌赋，就不会体会到中国艺术中有着诗歌般的抒情的优点：含蓄蕴藉的情趣、形象生动的比兴法、抑扬顿挫的音韵节奏……可见，中国艺术作品的背后，蕴藏着中国文化的博大精深。一个人如果只知道跟潮流、随时尚，势必会流于肤浅、浮表。获取传统文化尤其是诗词歌赋的精髓，提高自己的素养，就会增加自己的内涵。

中华古典文化，尤其是诗词歌赋，充满了精华和珍品，我们应在诗词歌赋中汲取营养和智慧，穿越时空，与古人对话。

陶醉于古人绝妙的文字之中，楚辞的风骚、汉赋的酣畅、唐诗的俊逸、宋词的雄阔、元曲的典雅、明清小说的厚重，都会奔腾而来，尽收眼底。

人文地理，书香气质的本源

人类社会丰富繁杂。中国五千多年的文明历史，五分之一的全球人口，以及最为丰富的自然、历史与人文资源，不仅源流交错，而且类型繁多，差异微妙。它们隐约有着普遍性，但更有难以想象的芜杂的特殊性。

通过书籍或影像，可以了解世界各国鲜为人知的自然奇观、难得一见的野生动物和千奇百怪的风土人情。神秘莫测的热带雨林，斑斓缤纷的海底世界，巍峨壮观的崇山峻岭，无垠无际的宇宙星际，岩浆奔流的火山爆发，狂风恶浪的飓风暴雨，以及沉睡千年的远古文化，还有世界各地的人文历史、风土人情……大地就如同矿藏，当我们投身进入时，用不着带表格，只需用心记取原样的生活。在追求自己生存价值的旅程中，书籍中的学问和体验，就像生活一样活泼。

当我们以人文地理的角度，探知我们的世界时，就会获得广阔的视野和深沉的思考。这正是书香气质的本源。

第17章 风度翩翩，洒脱豪放——经营你的绅士气质

什么是绅士气质

绅士字面意义理解起来就是温文尔雅的男人，比如格里高利·派克的优雅，克拉克·盖博的高贵，高仓健的刚韧，肖恩·康纳利的硬朗，李察·基尔的俊逸……

“绅士风度”即“绅士气质”，是对男性行为举止、文明礼貌、尊重女性等一系列行为规范的总称，是精神上的自由、儒雅、自然，举止上的彬彬有礼，言谈的高雅、不俗而幽默，稳重和不骄傲，是自制的、谨慎的、保守的。

男性的绅士风度突出表现在注重仪表和讲究卫生上。绅士居家时一般都穿休闲装，无论穿什么，从头到脚都很注重整洁和颜色的搭配。绅士上班或者约见重要朋友，都穿上得体的西服，鞋子擦得锃亮，以示对别人的尊重。绅士的衣服总是很干净，衬衣永远是雪白的，一尘不染。绅士很重视牙齿卫生，每年定期两次到医院药物洗牙。

绅士风度还体现在说话、语气、手势、坐姿上。绅士与人交谈没听明白时，都要说声“对不起”，以示意对方再说一遍。

尊重女性是绅士风度的集中体现。无论在商场、地铁、公共汽车上，还是在办公室，男士遇到女士进门的时候一定要请她先走。开车过十字路口等汽车交会地点，男士通常都让女士先行，女士都向男士招手致谢。

绅士风度与淑女气质常常相提并论。主要是指人们的服饰打扮、言谈举止重视仪容仪表，待人接物、人际交往讲究礼节礼貌，属于人类共同的文明规范，体现出人类共识、互尊的做人规范和文明水准。在西方国家，绅士风度与淑女气质，依然是社会主流。

现代社会，通常来说集地位、金钱、相貌、才华于一身的男士可以被称为“绅士”。具体说，首先要有注重细节的审美观。比如，穿衬衫的时候就不要搭配休闲裤，否则，看起来就会显得不伦不类；其次要注意社会公德。试想，一场高雅的音乐会如果被一阵“响亮”的手机铃声打断，那将会是多么的扫兴；要拥有一颗宽容的心，对整个社会，对所有的人。真诚本身就是一种人格魅力。如果一个人具备了身份、地位、金钱、才华，却有着一颗自私、冷漠的心，为了一己私欲，不择手段地伤害他人的利益，或是报以“事不关己，高高挂起”的处事态度，那么纵使表现出一副很有绅士风度的样子，最终人们也只会给他贴上“虚伪”的标签。

当然“绅士气质”的形成离不开稳定的经济基础作为后盾，同时一个具有绅士风度和人格魅力的人，相信较之其他人会更有机会得到创造财富的机会。

绅士气质特征及其表现

绅士气质，具体来说表现为以下五大特征：

一、优雅

83岁告别舞台的格利高里·派克永远是同年龄男子中最英俊的一个，他是当时好莱坞影星中为数不多的大学毕业生，从影40年，拍了50多部影片，曾4次被提名奥斯卡奖，因《杀死一只知更鸟》而获得奥斯卡最佳男主角奖。其他主要作品有《王国的钥匙》《爱德华大夫》《鹿苑长春》《君子协定》《十二点整》《罗马假日》等。

《杀死一只知更鸟》是唯一一部让派克当上影帝的电影，芬奇这个角色是他最喜爱的。现实中的派克就是一位同情黑人的民权运动的积极参与者，他在芬奇身上倾注了自己的感情与才华，在一场长达9分钟的辩护场面中，派克动了真情，他的慷慨陈词异常动人精彩。1987年9月，派克携带他主演的5部影片来中国访问，他在中国说的那句“我不是个明星，我是个演员”，更让当时不少中国影人受到触动。

纵观他的影史，多半演的是正气凛然的社会上层人物，加上他热衷公益活动，无论银幕上下都塑造了庄严高贵的形象，于是成为忠诚正直的理想人物的代言人，浑身散发着绅士的优雅气质。

二、稳健

40岁的英国农场主伍德·威尔逊好似天生就一副强壮的身体，高大威猛而又不失儒雅之气。他平时总是眯着一双细眼打量着周围的人和事，少言语，给人一种随时陷入沉思的神态，浓密遒劲的胡须透出一股强悍英勇之气，一头梳理得规则整齐的卷发飘逸着绅士的气度与风范，蓝灰色的细眼总是冷冷地投向远方。一只磨得锃亮的黑色烟斗积淀了几十年的智慧与经历，常叼在嘴上，吐出一股股神秘的烟雾。远远看上去，经常身穿黑色马甲的伍德·威尔逊的确算得上仪态万方的绅士。这位风度翩翩、举止稳健的中年绅士是当时英国少有的成功者。

伍德·威尔逊有着成功的事业和幸福的家庭。他拥有一个方圆数千亩的大农场。在这水草丰盛的大农场里圈养着上千只牛羊，为他带来了源源不绝的财富。他还有一位漂亮贤淑的妻子和一个可爱的女儿。这位农场主还有着自己独特的爱好与梦想。他本身是一位著名的人类学家，对于世界各地的民族、风俗、礼仪以及人类演化的历史有着浓厚的兴趣，有时候他整天泡在各种惊险离奇的探险故事和论文中，或沉思或畅想，往往为弄清楚某地习俗的确切解释而查遍所有资料却乐此不疲。总之，在平静恬淡、舒适温馨的生活中总是闪烁着这位农场主一颗不平静的心。

一切都显得那么完美的时候，他遭遇了人生最大的一场变故，他的农场被一场大火吞噬，他失去了妻子和孩子，事业和家庭瞬间化为灰烬。这次重大变故改变了他的人生。他和一心寻宝的童年伙伴西斯科以及志同道合的朋友维纳达成一致，要去完成一件人生中重大的壮举。他们参照了以前航海家、探险家的多种资料，认真研究了路线和行程。农场从前的得力助手汤姆森也一再要求跟随主人远行，威尔逊答应了他的请求，威尔逊新认识的女友、刚毕业的大学生露丝也一同跟随他前往。

一切准备妥当，1918年10月16日，由威尔逊率队，由维纳、汤姆森、西斯科以及露丝 5 人组成的探险考察小组，另外雇了3位水手和1位随从，在这个晴朗的日子，从英国西部出发，进行了人类历史上无数次的探险活动中一次极富特别意义的远征。这是一次令人震惊的、时间跨度达14年之久的“寻找食人部落”的环球冒险之旅，他们以生命为赌注向世人揭示了谈之色变的“食人部落”的种种秘密，5人之中，3人付出了生命。再后来，在美国西部的一个小镇，威尔逊在写作冒险之旅的过程中身染重症去世。

绅士气质不仅仅是风度翩翩、优雅沉稳，在他们山一般沉默的男人外表下是一颗洋溢着生命激情、追求独立和自由、坦然面对人生起落、懂得享受生命乐趣的心。

三、儒雅

香港男明星张国荣是一个典型的儒雅型男子，举手投足间无不显现出一个男子的绅士气质。

张国荣是一个不落俗气的出尘男子，长着一张风雅无限的俊脸，清隽秀雅其外，温婉媚然其内。尽管有这一张旷世姿容，但他仍然非常敬业，在自己的事业上颇有成就，塑造了一批批的优秀作品，歌唱和影视事业双丰收。就唱功而言，他咬字清晰、飘然静默、气息低缓、极富深情，唱腔上有一种娓娓道来的戏腔韵味。除了在唱歌上有非凡的作为外，在演戏上张国荣也是相当出色的，他出演的“阿飞”“英雄”等角色给很多人留下了深刻的印象，而且已经成为经典。最难超越的角色要数《霸王别姬》中的程蝶衣了。可以说，是张国荣造就了程蝶衣这个角色，这个角色就是张国荣。镜头里的程蝶衣，眼神回眸注视，姿态万方，媚然婉约，涓涓温柔，令每个观众都深陷这个角色中，似乎忘记了这是一个角色，而好像是个活生生的人物站在了面前。孤芳蝶衣，绝代风华，除了张国荣，真的想不到还有谁是扮演程蝶衣最好的人选。

张国荣虽然作品无数，演艺事业一片辉煌，但他待人处世一点没有架子，他善良、宽容、热诚，为人随和，乐于助人，温文尔雅，风度翩翩，令所有接触过他的人都赞不绝口，逢人都称他一声“哥哥”。

张国荣的离世一直是娱乐圈里人们最为遗憾的一件事，直到现在，每年都会有很多人举办各种活动来缅怀他，张国荣在人们的心中一直未曾真正离开过。张国荣的个人魅力深深地吸引、打动着人们。可以说，张国荣是香港百年娱乐圈唯一一位零差评的艺人，是一位很有艺德的明星，是一位浑身上下都透着一股儒雅气息的绅士气质的男人，是很多艺人和无数观众的榜样和偶像。

四、内敛

绅士最显著的特点是言行自制，缄默内敛。他们非常喜欢个人独立空间，所以有一句俗话：“一个人的家就是他的城堡。”所以，有些人会抱怨绅士总是认为自己做事的方式比别人的好，显得有点儿傲慢，而这正是他们值得骄傲的事。

绅士的礼貌一部分是因为他们喜欢保守或简略的表达。一位绅士很少说他在哪一方面特别出色。如果他是冠军，他会说："我还不太差。"他能做10分的事，他只说5分。

绅士给人的最高赞美是说某人"有很好的运动精神"，因为赢了而不傲慢，输了也输得有风度。所以，如果你想"讨好"绅士，不妨这样赞美一下他。

五、绅士风度，骑士精神

一位刚到比利时不久的中国女孩搭车的经历被传为美谈。她从布鲁塞尔回大学城，其间要转一次火车。这位既不懂法语又不懂弗拉芒语的女同胞，在转车的时候上错了车，居然跑到了与大学完全相反方向的另外一座城市。焦急中，她突然想起了搭顺风车。一位男士在努力听懂了她的英语解释后，开车送她回去。回到大学城，女同胞才发现车子居然在路上跑了近两个小时，相当于跑了半个比利时。这件事情令她难以忘怀，那位有着真正绅士精神的比利时人，让她切实感受到西方国家的文明古风。

真正的绅士气质表现出一种现代社会久违的骑士精神：正直、热心、礼让、坦荡。

贵族情结铺就绅士的底蕴

在英国历史上，贵族是社会的统治阶层，处于社会的最上层。从贵族产生至今千余年的漫长时期中，无论是极盛还是衰微，它都是英国社会的中坚力量，深刻地影响着英国社会的方方面面。

中产阶级向贵族融合，贵族阶层的理念流向社会下层，由此而产生了作为民族特征的英国绅士风度。"绅士风度"的要义在于，公平竞争、自我控制、忍辱负重、慎重保守。由此看来，绅士气质是个人能够通过自身努力而获得的，是大众化的，因而成为英国民众实现贵族情结的途径。著名哲学家洛克在其教育学代表作《教育漫话》中便明确指出，他的主要目的是讨论青年绅士从小至大的养育方法。

这一思想深刻地影响了英国的教育，在英国公学设置的古典课程和人文课程中，不难找到所谓"上等人"统治社会、领导民众的理论依据；公学与牛津剑桥的密切联系为学生进入上流社会提供了保证；公学招收越来越多的贵族子弟入读，有利于日后结成政界的关系网。

性格训练塑造绅士精神

绅士风度的培养从小开始，英国教育最重“性格”，这里所谓的“性格”，主要指勇毅、动心忍性的工夫。英国公学低年级学生被高年级学生教训，吃了几记耳光，打了几个嘴巴，却不会哼一声。这种学人特有的气质源于公学近乎苛刻的纪律和生活规范。

除了校规的管束外，每一名学生还必须遵守自己宿舍制定的行为规范。导生制的实行使低年级学生备受屈辱，他们必须为高年级学生跑腿，做杂役，否则就有挨揍的危险。如此严格的约束造就了公学学生文明儒雅的举止、坚强的性格和吃苦耐劳的精神。同时，公学教育认为艰苦的生活条件能够培养青年人的坚定意志和自我控制力。因此，公学校方有意将伙食弄得很差；要求学生在恶劣的天气里穿短裤出现在操场上、课堂上；坚持冷水浴，不准盖过暖的被子，冬天也开窗就寝，很有点儿“天将降大任于斯人也，必先在公学磨炼一番”的味道。在公学中，人们以吃苦为荣，以意志坚定为风尚，树立了一种合乎自然的价值观。

由此可见，“性格训练”是培养绅士气质的精华所在。正如英国皇家教育委员会所指出的那样，应该赋予学生这样一些素质：管理他人与控制自己的能力，集自由与秩序于一身的性格，充满活力与勇气的性格，尊重而不盲从舆论的品质。这正是绅士气质最集中的体现。

终生恪守个人道德准则

素来举止得体、礼貌有加的英国人近年来变得粗鲁了。为什么？利兹大学心理学家科林·吉尔博士认为，媒体的炒作行为可能是造成英国人越来越粗鲁的一个原因。其中，以炒作花边新闻为能事的英国小报堪称“粗俗的冠军”，这些小报将粗俗的体育明星和电视真人秀的参加者树立为榜样，从而使社会迷失了道德方向。

作家西蒙·范肖同意吉尔的观点。他说，英国社会尊重和崇尚“良好行为”的传统已经成为历史，“过去我们经常利用人们对上帝、君主和英雄人物的敬畏来让他们知礼守度，但现在这三者不再有权威性”。改变粗鲁很困难，因为“英国社会目前缺乏一种得到普遍赞同或接受的道德准则”。

在物质主义当前的社会潮流下，精神道德容易被人们忽视。当社会迷失道德方向时，个人身处社会环境中必定会受到影响，在这种情形下，个人坚守道德准则是非常不容易的，但也正是因为这样，个人的人格魅力便会脱颖而出，体现出人格魅力对社会群体的号召力。

审美能力美化绅士的品位

这两个人，一个是中关村的IT精英，有别墅，有私车，还会隔几年给自己放一个月的假，开车出去旅行3000公里；另一个是跟中关村有关的IT精英，早在两年前就开始把互联网与传统产业结合起来，有房有私车。

第一个IT精英说，我想买一套好音响，问题是我不懂音响，也不会花时间去看专业的发烧友杂志，更没有时间逛市场做比较，但还得保证我买的东西放在客厅里，不能让懂行的人笑话。还有CD，只有好的音响却没有好的CD也是件让人笑话的事。

第二个IT精英说，我买了房以后搞装修，装修完之后就想买点儿古董字画之类的东西来装点门面。但古董字画我不懂，如果有什么杂志能够让我花最少的时间和最少的钱，但买来的东西不会被人笑话的话，我肯定买来读。

可以毫不客气地说，他们缺乏基本的审美能力。

所谓审美能力，就是当你面对一个事物的时候，能够欣赏它的好。再进一步，能够发挥它的好。一个能够把破旧的马槽改装成沙发，再搭配上宜家的咖啡桌的人，比那些拥有一堂昂贵的却让人不敢躺不敢坐的红木家具的人更有审美能力。

一个绅士的家，装修一个卫生间的价钱可能不抵某人一个镀金（或“纯金”）的抽水马桶，但他可以在卫生间里舒服地过一个下午：吸着烟泡澡的同时，他可以看电视或者读书听音乐。如果他想在浴缸里办公的话，也完全可以把手提电脑放在浴缸边宽阔的台子上。只是他不是这样的工作狂，他宁愿放一盘草莓享口腹之欲，或者点上蜡烛来点香熏。当然，最巧妙的设计还是其主卧室的窗帘：利用屋顶的弧形安装的落地窗帘，让人感觉窗子也是个半圆形的落地长窗。这没让他多花一分钱，但绝对是享受。

体育运动塑造绅士健全的精神

承袭中世纪骑士之风，英勇尚武是一名绅士应具备的首要品质。英国伟大的启蒙思想家约翰·洛克曾在《教育漫话》中开宗明义地宣称：“有健康的身体才有健全的精神。”因此，体育有助于培养绅士气质的“公平竞争”意识和坚忍顽强的精神。伊顿的毕业生威灵顿公爵曾说：“滑铁卢之战是在伊顿的球场上打赢的。”体育对培养个人利益服从集体利益、遵守纪律、维护集体荣誉的精神的作用可见一斑。

英国人素来热衷体育运动，公学校园中体育活动蔚然成风，形式多样。春季有足球、越野；夏季有板球和划船；秋季有橄榄球。哈罗和伊顿一年一度的板球比赛更是备受全国瞩目。我国著名教育家蔡元培先生也把体育教育放在了四育之首：

（1）在体育活动中，无论是个人项目还是集体项目，都必须学会尊重别人和尊重自己，讲究个人行为的规范性和道德观，这样有利于培养学生良好的个人行为和道德风尚。

（2）体育是在严格的规则约束下进行的健康文明的活动，能够教育人遵守规则、辨别是非、尊重事实。

（3）体育运动要求参加者身体力行，因而能够培养人不怕困难、不怕失败的顽强意志。

一个希望自己具有绅士气质的人，应该有目的地进行各项体育运动，以培养自己的“公平竞争”意识和坚忍顽强的精神。

懂得包装，“装”出你的绅士范儿

时尚味十足的男人必定是“更懂生活”的男人。在现代社会中，男人的形象更应有个性化的包装。形象是男人的真实名片，要穿出自己的风格、包装出自己的风格，才能让自己出彩，在芸芸众生中如鹤立鸡群般显现自己。当杰出成功人士越来越年轻化，包装的成功与否已成为当代男士是否能够在竞争中出人头地的重要条件，作为绅士更应适时适地地包装自己，让自己的个性在包装中闪亮。

比如每一季拥有三套以上的西装，每一套必须是不同风格的，适合出席各种场合。一套是上班的商务西装，一套是约会的休闲西装，还有一套便是适合出席晚宴派对的正装。若是非常正式的晚宴，准备一套改良型的燕尾服也不过分。要对西装外套、衬衫以及领带的搭配要诀了然于心，了解自己的身材特点，懂得如何在有限的选择中进行组合搭配，穿出自己的特点。至少收藏一只名贵的手表，可以在正式的商务场合中佩戴。若另外拥有运动型手表更佳。熟悉社交礼仪，时刻注意基本的绅士风度。但是要遵循自然的原则，刻意展现绅士风度的举止是会令人反感的。

毫无疑问，一个有良好修养的男人应是风趣幽默的，是充满智慧的男人。这种幽默感并非故作夸张，而是来自其丰厚的学识和阅历，文化气质是绅士气质的重要部分。不时地以话语间的妙语调动全场的气氛，在平静的谈吐间旁征博引，在逗乐旁听者开怀畅笑的同时，自己却不动声色、若无其事，呈现出一副儒士的风采。

与女士交往中的绅士风度

男人的绅士风度不仅表现在与女友的交往中，还表现在日常生活中对女士的态度上。

（1）先向所遇到的熟悉的女士微微点头打招呼。如果某位女士向你走来，请记住，如果她主动伸出手，你才能与她握手。

（2）在公共场所偶然遇到熟悉的女士互相问好时，可以不握手，但必须把手从口袋里拿出来，把烟从嘴上拿下来，如果吃着东西要停止咀嚼，当然，女士也一样。男士在大街上随便让女士停下脚步是有失体面的，哪怕是熟人。如有急事当然例外。

（3）如果与女伴走在街上遇到熟人，不能把女伴晾在一边没完没了地与熟人交谈。你可以把熟人介绍给女伴，但是如果必须与熟人谈什么事情而且三言两语说不清楚，可以另约时间见面或打电话联系。

（4）如果某女士坐你开的车，一定要打开车门让女士先坐在副驾驶的位置上，再坐回自己的位置。女士下车的时候，要先下车，为女士打开车门。在车内探过身子打开车门的做法不雅观。当然，也不能让女士自己取出行李物品。

（5）在咖啡馆或饭店与熟悉的女士会面时，要从座位上略略欠身以示欢迎。如果女士走近你，要站起来与其交谈。

（6）晚会上女友要去卫生间稍事整理，你可以把她送到大厅，但要小心地绕行，以免打扰正在跳舞的人。

（7）晚会结束后，如果有条件要开自己的车或打车送女友回家，别忘了谢谢女友接受邀请参加晚会。一般是看着女友走进楼门或家门。更礼貌的做法是，从汽车里出来，把女友送到她的家门口。

现代绅士必须遵循的九条行为准则

作为一个现代社会的男人，要想成为一名人人尊敬处处受欢迎的绅士，需要遵循以下九条最基本的行为准则：

1. 谦逊礼让是一个优秀男人首先要做到的。

2. 拥有悲悯之心。

3. 尊重女性，热爱自己的母亲和爱人，并心疼体贴她们。

4. 穿着整洁，但并不一定非要是名牌。

5. 注重细节，牙齿和头发的清洁也非常重要。

6. 注意说话、语气、手势、坐姿等一些细节。

7. 通过工作和其他行为体现自身价值。努力、勤勉和自我学习能力是一个绅士应具备的美德。

8. 理想主义可以使一个人在严寒的时候保持对春天的向往。所以绅士会在孤独中欣赏音乐和悲剧，欣赏人生不完美的缺憾并接受它，但从不对未来失去热情。

9. 在人生中起落而不致落魄。能大能小，能上能下，能富足地生活，亦能忍受贫穷，内心保持对自己较高的要求，“不以物喜，不以己悲”。

第18章　温婉端庄，优雅绽放——经营你的淑女气质

什么是淑女气质

名媛淑女，德才双馨。巧笑倩兮，美目盼兮。清流婉转，万种风情，都在不言中。淑女气质往往不战而胜。

“淑女”一词，最早出于《诗经·周南·关雎》篇：“窈窕淑女，君子好逑。”“淑女”指善良、美好、有修养的女子。

祖母一辈的人告诉我们，真正的淑女立、坐皆有态，莲步轻移、轻启朱唇……待人接物遵守规矩和礼数，是思想传统、性格平和、文弱矜持的女性群体。

母亲一辈的人告诉我们，真正的淑女受过高等教育，衣着端庄，谈吐温文尔雅，讲究生活情趣……观念不陈旧刻板，但也不过于超前，是性格稳重，懂得谦逊忍让的女性群体。

如今，20出头的女孩子们振臂高呼：“真正的淑女就是优雅+野蛮的‘文武全才’！”

什么才是淑女气质呢？如果说旧时淑女的矜持高贵表现在言行举止及穿戴一丝不苟，那么现代淑女的神韵则来自内在气质的自然流露，简洁不失娇媚，雅致不失潇洒，婉约不失柔韧，玲珑不失率真，新世纪的女性将找到最舒服最自在的淑女气质本色。这种本色不是做作，不是自以为高贵，而是女性独有的美态与感性。

当然更为重要的一点是女性的才华。汉末的蔡文姬，唐代的薛涛，宋代的李清照等，并不是以自己的美貌耀人，而是凭才华名世。她们用自己的生花妙笔证明了女性的美不仅仅只在于外表。

淑女气质特征及其表现

淑女气质是天下女性都渴望和想拥有的，那么，让世人为之倾倒的淑女气质究竟表现在哪些方面呢?

一、端庄

世界上没有任何一件艺术品能像《蒙娜丽莎》那样誉满全球，“蒙娜丽莎”具有庄重、典雅、均衡的淑女气质，富有理想与理性。她那神奇而专注的目光，那柔润而微红的面颊，那由内心牵动着的双唇，那含蓄、模棱两可的微笑，世人称之为“神秘的微笑”，让人琢磨不透……

其实，达·芬奇笔下这一使人难忘的“微笑”已不是具体的某个人的表情了，而是具有抽象意义、普遍意义和典型意义的，是“蒙娜丽莎”所拥有的，是达·芬奇所拥有的，也是我们大家所共同拥有的人性特质的某种精致微妙的东西。一种理想，一种美的象征，一种人类世界的欢乐和光明，也许，这就是《蒙娜丽莎》巨大魅力所在，这也是淑女气质的核心魅力，让我们忘却语言的力量，用心去体味一位淑女由内而外散发的端庄韵味和柔美之光。

二、优雅

在诸多的气质中，优雅的气质最能体现出女性的美。伯克在《崇高与美》的美学论文中，这样谈道：“优雅是一种与美非常接近的概念，是属于姿态与动作的观念，正是在姿态与动作的自在、完美、雅致中存在着优雅的全部魅力。”从他的论述中，我们可以悟出，优雅即美，其中姿态与动作更是优雅的体现。

奥黛丽·赫本就是优雅的同义语，是天使的化身。《罗马假日》是她的成名作，也是她的代表作。她为世界影坛创造了一个清新隽永、纯洁可爱的形象，并由此赢得了全世界影迷的爱戴。

美国记者塞希尔·比顿曾经在1954年11月期的*VOGUE*杂志上撰写了一篇关于第二次世界大战后欧洲的文章，其中衷心地赞赏了奥黛丽·赫本的伟大：“凤凰浴火之后的涅槃重生总是让人难忘，在欧洲有这样的传说，如果皇后在风华正茂的时候死去，那么她们就能够得到重生，拥有一个新的迷人外表，受到万众的敬仰。尽管悲观主义者们预言，战后的欧洲不太可能出现一个符合理想主义者审美标准的女性形象，但是一个新的女性形象借助奥黛丽·赫本小姐复活了。

所有人都必须承认，奥黛丽·赫本的形象之所以能够获得成功，是因为她几乎囊括了所有的现代精神。她身上带有来自法国的浪漫气息，又有着比利时人的坚忍不拔，她带着浓重的英国口音，拥有贵族气质，然后依靠个人魅力演绎了一个经典的美国式成功案例，她是我们这个时代浪潮最完美的代言人。奥黛丽凭借自己的天赋和努力成为全美国的偶像，她聪明伶俐、充满梦想、热心和善、坦白直率，机智却不狂妄自大、温柔却不多愁善感。尽管时代已经变迁，但奥黛丽仍然可以视作我们这个时代完美女性的代表。”

三、柔韧

柔韧的淑女气质，如同荆棘中盛开的百合，虽遭遇坎坷挫折，却自爱自惜，勇敢坚强，以柔克刚，大智若愚。

“伊”战成名的闾丘露薇是第一位走进阿富汗的华人女记者，又是踏入伊拉克战地的中国记者第一人。她的英文名字叫作ROSE，被人称为“行走中的玫瑰”，在她身上可以看到30岁女性特有的刚毅和勇敢。就是这位干练的凤凰卫视女记者，当年大学毕业后，曾在深圳卖过T恤衫、推着自行车挨家挨户去推销饮料却不被人理睬。曾经历一次失败婚姻后的闾丘现在谈及和女儿的生活充满了满足和感恩。对于女性的成长，闾丘相信女人每个年龄段都会有属于自己的特色，“但一定要经历之后才知道是什么”。

四、婉约

李清照被誉为婉约词之宗。她学识渊博，才华出众，工于诗词，长于文赋，精通音律，善作书画，在灿若繁星的中国古代作家中，犹如一颗耀眼的明珠放射出奇光异彩。这样多才多艺的女作家在中国文学史上是少有的，而且在世界文学长廊中也是罕见的。特别是作为一位知识女性，李清照具有与一般女性不同的淑女情怀。

李清照是诗、词、文都擅长的作家，而她的词成就最高，其近承秦观之妩媚、苏轼之清雄、周邦彦之丽密，陶铸熔冶，取精用宏，成为别具一格的“易安体”，称得上“词无一首不工……盖不徒俯视巾帼，直欲压到须眉”的大家，形成了自己“婉转而又疏隽”的艺术风格。她把自己的思想感情全方位地倾诉于笔端，写诗、写词、写文章作为自己的生活追求，她这种文化女性的特质百里挑一。

李清照又是一个具有极高爱国热忱的淑女，看到山河破碎，朝廷不思收复中原，她忧心如焚。北宋末年，在她还是一个阅世未深的青年女子的时候，就对国家的日趋衰败表示了忧虑，提出了警告。李清照炽热的爱国热情在她晚期写的《题八咏楼》《春残》和《打马赋》等诗文中，也都有鲜明的表现。对于人生，她拿张良、韩信、屈原、项羽自比："生当作人杰，死亦为鬼雄。至今思项羽，不肯过江东。"从大处落笔谈生论死，表现了与众不同的才女风范。

作为封建社会的文化女性，李清照不像大家闺秀、小家碧玉那样把自己锁在闺房绣楼内消磨青春韶华，而是把触觉伸向广阔的社会，直面社会，靠着自己敏锐的细腻观察和深厚精湛的艺术造诣，用文学语言反映宋代上层社会、民族关系和阶级矛盾，可见李清照的社会关怀意识有别于一般淑女，从中我们可以看到一个关注朝廷、关注国事、具有炽热爱国情怀的文化淑女的精神世界。

欣赏婉约的知性淑女气质，就请阅读李清照的文学作品，她的淑女情怀与众不同，映射出光彩照人的人格魅力。

漂亮不等于优雅

优雅是装不出来的，优雅也不是物质堆砌出来的，而是一个人性情气质的自然流露。有很多女人以为抹上雅顿、兰蔻、SK－Ⅱ，穿上桑蚕丝或什么名牌，就会成为优雅女人。优雅并不是指脸蛋漂亮、衣着华贵，它是一个人内在文化素养与外在表象的完美结合。

相比较来说，西方女性更多地追求舒适、自由的生活，她们不会很刻意地追求一些时尚的潮流而改变自己的品位。她们并不在乎名牌效应，但很懂得如何去装点，很多人穿着旧衣服，但一条别致的围巾或者项链，就给人非常时尚优雅的感觉。

女人的优雅跟年轻是不挂钩的，一定要有经历，要有沉淀，是一种从内到外的东西。要能以坚定、自信的内心世界抵抗外部诱惑，同时知晓变通。一个女孩子在20岁是漂亮，她们其中的一部分在合适的土壤中经过一以贯之的修炼，在30岁以后，才会有优雅的光泽。

哪怕只剩下一个卢布，也要为自己买一枝玫瑰花，而不是一块可以充饥的面包，这就是俄罗斯女郎的浪漫与优雅，这样的优雅让人感动。优雅不是不食人间烟火，它具有人性的所有温暖。

美丽的心灵是淑女气质的灵魂

“一首动听的歌，不仅仅需要有寓意隽永的歌词，还需要有动人心弦的旋律。”当我们还是小孩子的时候，母亲就这么教育我们。

贝西·安德森·斯坦利曾经写道：“经常保持笑容，赢得智者的尊敬和孩子们的喜爱，获得最严厉的批评家们的欣赏，容忍那些所谓朋友的背叛，学会欣赏美丽的事物，发现身边人的优点，在离开这个世界的时候能够留下一个健康的孩子、一座小公园，或者曾经对社会环境做出过贡献，了解到你的存在至少能够帮助一个人生活得更加轻松，这就是成功了。”

用斯坦利女士的标准来衡量，她的母亲奥黛丽·赫本的一生完全可以称得上成功。她选择当一名演员，获得了大众和批评家们的欣赏；然后她选择了成立一个家庭，为爱她的人留下了两个健康的孩子和美好的回忆；当她的孩子们都长大开始自己的生活时，她又选择了去帮助世界上那些不幸的孩子，选择了回报社会，成为联合国儿童基金会的亲善大使，这项工作让她能够将自己的信仰贯彻到自己的工作中去。这是一次重要的选择，通过这个选择她治愈了跟随自己一生的那个“伤疤”——世界上永远都会有悲伤和痛苦。

奥黛丽·赫本成功的一生无疑值得女性思索，真正的淑女气质不存在于她的服饰、珠宝、发型，而是必须从她的眼中找到，因为这才是她的心灵之窗与爱心之房。因此女人的美丽不是表面的，应该是她的精神层面——是她的关怀、她的爱心以及她的热情。女人的美丽能够跟着年龄成长。

自信，绽放女人的别样风采

自信是成功的第一秘诀。信心是“永恒的特效药”，它赋予思想以生命、力量和行动。信心是所有奇迹的基础，是所有不能用科学法则加以分析的神秘事物的基础。信心能把人们有限的心智所产生的普通思想转变为精神力量。

那么，女性如何提高自己的自信呢？

第一，女性要在社交中增强自信。

女性需要社交，需要与人接触，在与人们的交往中得到自我意识，获得信心。尤其是现代社会，社交已是社会生活中不可缺少的内容之一，对于女性来说，社交的成功与否，社交圈的大小，交往对象层次的高低，都会直接影响到她们的自信心、情绪、情感和对人的认识。

第二，每天都能保持甜美的笑容。

没有信心的人，经常眼神呆滞，愁眉苦脸，而雄心勃勃的人，则眼睛总是闪闪发亮满面春风。人的面部表情与人的内心体验是一致的。笑是快乐的表现，笑能使人产生信心和力量；笑能使人心情舒畅，精神振奋；笑能使人忘记忧愁，摆脱烦恼。学会笑，学会微笑，学会在受挫折时笑得出来，就会提高自信心。

第三，做人一定要昂首挺胸，同时也要学会主动与他人交往。

遇到挫折而气馁的人，常常垂头丧气，这是失败与没有力量的表现，是丧失信心的表现。成功的人、得意的人、获得胜利的人总是昂首挺胸，意气风发。昂首挺胸是富有力量的表现，是自信的表现。积极的自我形象和健康的生活态度，可增强你抵抗压力与疾病的能力。自我怀疑和对自己的能力失去信心是常见的。任何人，无论表现得多么自信，也难免对所面临的挑战缺乏自信心。这常常是对压力的一种自卫性反应。长期自信心丧失，会影响对自己能力的认识，压力就产生了。情绪上的、心理上的或生理上的毛病就相伴而至。许多心理健康专家认为，焦虑、沮丧等精神失常是因为自我形象和别人对你的目的看法有矛盾而造成的。

另外，下列的措施能够有助于提高你的自信心，改善气质。

列出你性格中积极方面，可以更好地了解自己。

对自己的成功给予积极评价。

选择生活中的某一方面，努力改变。

制定可以完成的目标。

不要过快地改变生活中的太多方面。

找出一个合适的典范，而不是一个不现实的偶像加以学习。

不要对过去的失败和错误的判断耿耿于怀。

点滴细节培养淑女的娇媚

显露羞态，出现得适时而又恰如其分，便成媚态，是一种女性美，如一派天真的脸上突然泛起红晕的少女，没有哪个小伙子会不动心。但要注意此态不可“使用过度”。

同时，建议你，使用固定牌子的香水，学会动作语言，培养你的“神秘之美”，给男友送一个甜蜜的绰号，孩子气的表白会让男友觉得很开心，娇媚表现得恰到好处。

此外，表现“脆弱”是散发女人味的秘诀，为了满足男性天生喜爱“保护”女性的欲望，适当表现一下“脆弱”是必要的，轻轻的叹息可使你打入他的内心。

办公室淑女的日常修习课

在办公室穿拖鞋是仪态的大忌。如果穿着暴露足趾的鞋，就要注意足趾间的整洁。坐下来不要跷二郎腿，更不要抖腿，正确的坐姿应该是两脚并拢，双脚并立或相互交错地倾斜。保持微笑是最重要的仪态，行走时不可以颔首凹胸，显得无精打采，最可贵的是昂首阔步、挺胸收腹，以显示你的自信。

打电话时如果一副旁若无人、无拘无束或撒娇卖嗲、叽叽喳喳或粗声粗气、盛气凌人状，则致使淑女味全无。最好养成用左手拿话筒的习惯，右手空出来后随时都可将对方所讲的话或重要事项记录下来。另外尽量站着听电话，即使采取坐姿，也要伸直上身，如此有助于语调的提高，精神集中，更能展现你高雅的神韵。通话时，如遇到不礼貌者也应该稳定情绪，少安毋躁，以礼相待。

风度、品位、仪态素养好会帮助一个人在人际交往上和谐、顺畅。即使再小的公司、事务所，也多会设置服务台和待客区。下班后嗜好围聚在大厅、服务台或回廊闲聊，这不是一个淑女的仪态品格。须知，大厅、回廊是为客人准备的，上下班时，也不应当在那里逗留。

走出办公室就是走廊、通道、楼梯，不论长走廊、窄走廊、楼梯，有客人时原则上不可以漫不经心、大摇大摆地走在中间，应当空出来留给客人走。走动时，要注意背姿，在引导客人时，身体应向客人一边，在两三步前并且配合客人的脚步，角度在130度左右为佳，也就是客人应当在视线以内，万一发生什么不测，能够立即护佑。

女人不能没有女人味

女人味，指的是一种人格、一种文化修养、一种品位、一种美好情趣的外在表现，当然更是一种内在的品质。简而言之，女人的味道就是女人的神韵和风采。有味道的女人，三分漂亮可增加到七分；没味道的女人，七分漂亮可降低到三分。没味道的女人，即使有着如花的脸蛋、傲人的身材，一开口便足以暴露她贫瘠的内心和空荡荡的精神。

做女人一定要有女人味，才能吸引众人的目光，尤其是来自异性赞赏的目光。那么，到底什么才是女人味呢?

品位

前卫不是女人味，切不要以为穿上件古怪的服装就有味了。当然这也是味，但却是“怪味”。

智慧

外表漂亮的女人不一定有智慧，有智慧的女人却一定很美。因为她懂得“万绿丛中一点红，动人春色不需多”；她懂得凭借一举一动、一言一语、一颦一笑的优势，尽现自己的至善至美。

矜持

不管你是白领还是蓝领，也不管你是待字闺中还是已为人妻，作为女人，永远不要大大咧咧、风风火火。要记住，凡事有度，矜持永远是女人的最高品位。

有度

再名贵的菜，它本身是没有味道的。譬如“石斑”和“桂鱼”，虽然很名贵，但在烹调的时候必须佐以姜、葱才能出味。女人也是这样，妆要淡妆，话要少说，笑要微笑，爱要执着。无论在什么样的场合，都要好好地“烹饪”自己，使自己秀色可餐。

情调

有钱的女人不一定有女人味。这样的女人铜臭有余而情调不足，情调不足就索然无味。

360度全方位修炼淑女气质

爱美之心人皆有之，而对于女人来说，美丽更是一笔不菲的财富。有的人会花很多钱去健身，去做美容，为了让自己的身材更好，让自己看上去更年轻，这很好。女人重在调养，而不能仅仅靠化妆来维持。化妆在一定程度上能改变人的面貌，能让你看上去很漂亮。可人总有卸妆的时候，化妆是治标不治本的。所以女人要善待自己，最重要的是健康的睡眠和良好的心态。

除了容颜的美丽，女性还要修养自身的气质，做一个气质美女。那么如何提升个人气质？

这就需要全方位地修炼自己，从言谈举止到内在都需要培养。简单说，一个人的气质是指一个人内在涵养或修养的外在体现。

气质是内在的不自觉的外露，而不仅是表面功夫。如果胸无点墨，那任凭用华丽的衣服来装饰，这人也是毫无气质可言，反而给别人肤浅的感觉。所以，如果想要提升自己的气质，做到气质出众，除了穿着得体，说话有分寸之外，还要不断地提高自己的知识水平和品德修养，不断地丰富自己。女人不要说太多，但要懂很多。

“腹有诗书气自华”，要多看书，多思考，气质不是一两个月可以改变的，需要一年两年甚至更长的时间。读过大学的人与没读大学的人给人的感觉不一样，这就是一种书卷的气质。想成为什么人，就和什么人做朋友，亲君子，远小人。时间长了，气质就自然而然地流露出来。

当然气质有先天因素，也有后天教育培养，虽然我们无法改变先天因素和生活背景，但可以试着培养自信。有自信的人才会美丽，才会透露出气质，但不能丧失谦虚的精神。

气质美的女性，即使丑点，人们根本不会觉得她丑。无知的美，其实很难在男士们的心底烙上美印。前者高雅，后者俗气。

用培养气质来使自己变美的女子，比用服装和打扮来美化自己的女子要具备更高一层的精神境界。前者使人活得充实，后者把人变得空虚。最完美的恰恰是两者的结合。

附录一　菲尔性格测试与分析

菲尔测试是美国知名心理学博士菲尔在著名女黑人欧普拉的节目里进行的测试。回答问题时一定要依照你目前的实际情况，不要依照过去的你。这是一个目前很多大公司人事部门实际采用的测试。

1. 你何时感觉最好？

A. 早晨　　B. 下午及傍晚　　C. 夜里

2. 你走路时是……

A. 大步快走　　B. 小步快走

C. 不快，仰着头面对着世界　　D. 不快，低着头

E. 很慢

3. 和人说话时，你……

A. 手臂交叠地站着　　B. 双手紧握着

C. 一只手或两手放在臀部　　D. 碰着或推着与你说话的人

E. 玩着你的耳朵、摸着你的下巴或用手整理头发

4. 坐着休息时，你的……

A. 两膝盖并拢　　B. 两腿交叉

C. 两腿伸直　　D. 一腿蜷在身下

5. 碰到你感到发笑的事时，你的反应是……

A. 一阵欣赏的大笑　　B. 笑着，但不大声

C. 轻声地咯咯笑　　D. 羞怯的微笑

6. 当你去参加一个派对或社交场合时，你……

A. 很大声地入场以引起注意

B. 安静地入场，找你认识的人

C. 非常安静地入场，尽量保持不被注意

7. 当你非常专心工作时，有人打断你，你会……

A. 欢迎他　　B. 感到非常恼怒　　C. 在两个极端之间

8. 下列颜色中，你最喜欢哪一种颜色？

A. 红或橘色　B. 黑色　C. 黄或浅蓝色

D. 绿色　E. 深蓝或紫色　F. 白色

G. 棕或灰色

9. 临入睡的前几分钟，你在床上的姿势是……

A. 仰躺，伸直　B. 俯躺，伸直　C. 侧躺，微蜷

D. 头枕在一手臂上　E. 被盖过头

10. 你经常梦到你在……

A. 落下　B. 打架或挣扎　C. 找东西或人

D. 飞或漂浮　E. 你平常不做梦　F. 你的梦都是愉快的

分数分配：

1.（A）2　（B）4　（C）6

2.（A）6　（B）4　（C）7　（D）2　（E）1

3.（A）4　（B）2　（C）5　（D）7　（E）6

4.（A）4　（B）6　（C）1　（D）1

5.（A）6　（B）4　（C）3　（D）5

6.（A）6　（B）4　（C）2

7.（A）6　（B）2　（C）4

8.（A）6　（B）7　（C）5　（D）4　（E）3　（F）2　（G）1

9.（A）7　（B）6　（C）4　（D）2　（E）1

10.（A）4　（B）2　（C）3　（D）5　（E）6　（F）1

得分分析：

【低于21分：内向的悲观者】

人们认为你是一个害羞的、神经质的、优柔寡断的人，是需要人照顾、永远要别人为你做决定、不想与任何事或任何人有关系。他们认为你是一个杞人忧天者，一个永远看不到存在问题的人。有些人认为你令人乏味，只有那些深知你的人知道你不是这样的人。

【21分到30分：缺乏信心的挑剔者】

你的朋友认为你勤勉刻苦、很挑剔。他们认为你是一个谨慎的、十分小心的

人，一个缓慢而稳定辛勤工作的人。如果你做任何冲动的或无准备的事，都会令他们大吃一惊。他们认为你会从各个角度仔细地检查一切之后仍经常决定不做。他们对你的这种反应一部分是因为你小心的天性所致。

【31分到40分：以牙还牙的自我保护者】

别人认为你是一个明智、谨慎、注重实效的人，也认为你是一个伶俐、有天赋有才干且谦虚的人。你不会很快、很容易和人成为朋友，但却是一个对朋友非常忠诚的人，同时要求朋友对你也要有忠诚的回报。那些真正有机会了解你的人会知道要动摇你对朋友的信任是很难的，相应地，一旦这信任被破坏，会使你很难熬过。

【41分到50分：平衡的中道】

别人认为你是一个新鲜的、有活力的、有魅力的、好玩的、讲究实际的而永远有趣的人，经常是群众注意力的焦点。你是一个足够平衡的人，不至于因此而昏了头。他们也认为你亲切、和蔼、体贴、能谅解人，是一个永远会使人高兴起来并会帮助别人的人。

【51分到60分：吸引人的冒险家】

别人认为你具有令人兴奋的、高度活泼的、相当易冲动的个性，你是一个天生的领袖、一个会很快做决定的人，虽然你的决定不总是对的。他们认为你是大胆的和冒险的，会愿意尝试做任何事至少一次，是一个欣赏冒险的人。因为你的冒险气质，他们喜欢跟你在一起。

【60分以上：傲慢的孤独者】

别人认为对你必须“小心处理”。在别人的眼中，你是自负的、自我为中心的，是极端有支配欲、统治欲的。别人可能钦佩你，希望能多像你一点儿，但不会永远相信你，会对与你更深入的来往有所踌躇及犹豫。

附录二　性格向性测试与分析

荣格把人的类型分为内向型和外向型，下面的50题便是这种“向性”的测试。做测试时注意不要把自己的理想混入其中，不要选择你认为“应该”的选项，而应尽可能客观地把握“现有的”状况，并且还要排除所谓善恶的价值评价。在此前提下，做做下面这些测试吧。

感情方面

1. 喜怒哀乐等感情的表现：

A. 溢于言表　　B. 谨慎、节制

2. 对于愤怒：

A. 立即表现出来　　B. 克制、埋藏起来

3. 是否乐观？

A. 乐观　　B. 忧郁

4. 是否好胜？

A. 好胜，不甘示弱　　B. 怯弱，腼腆

5. 忧虑感：

A. 无忧无虑，满不在乎　　B. 经常不安，担心

6. 情绪调动：

A. 容易兴奋　　B. 经常保持冷静

7. 忧郁、开朗的变化：

A. 较多较快　　B. 较少较慢

8. 是否爽快？

A. 做事干脆爽快　　B. 做事拘谨

9. 自寻烦恼，杞人忧天：

A. 经常　　B. 很少

10. 耐性方面：

A. 动不动就感到绝望　　B. 很有耐心

11. 羞耻心（腼腆、害羞）：

A. 弱　　B. 强

思考方面

12. 思考方法：

A. 经常有新想法　　B. 常规性的思考方法

13. 是否很固执？

A. 容易接受他人的意见　　B. 固执己见

14. 看待事物的方法：

A. 总是先看到事物的正面　　B. 先看到事物的缺陷，批判地看待事物

15. 全盘把握局势：

A. 能做到　　B. 目光短浅，只见树木不见森林

16. 逻辑分析：

A. 不擅长　　B. 擅长

17. 行动与思考：

A. 做事比较鲁莽　　B. 喜欢三思而后行

18. 周密的计划：

A. 没有　　B. 有

19. 对于自己的想法：

A. 根据情况而变化　　B. 坚持自己的观点，始终如一

20. 头脑：

A. 灵活，反应敏捷　　B. 反应较慢

21. 是否进行自我反省？

A. 不是　　B. 是

22. 经常空想？

A. 有　　B. 没有

行动方面

23. 实干能力：

A. 比较缺乏　　B. 有

24. 毅力、忍耐、韧性：

A. 很强　　B. 没有

25. 反应速度：

A. 能够很快做出决断　　B. 比较慢

26. 做事态度：

A. 粗心大意　　B. 很认真，办事一丝不苟

27. 对于一些琐事：

A. 非常细心地做好每件事　　B. 马马虎虎

28. 动作：

A. 快　　B. 慢

29. 遇见紧急情况：

A. 沉着冷静　　B. 慌乱，不知所措

30. 适应能力：

A. 能够很快适应新事物新环境　　B. 需要较长时间来适应

31. 胆量：

A. 做事大胆，不畏惧困难　　B. 非常谨慎

32. 对自己所做的事情：

A. 很有信心　　B. 缺乏信心

33. 对于自己喜欢或计划要做的事：

A. 立即去做　　B. 拖拉，畏首畏尾

34. 工作、娱乐：

A. 不确定，随时选择　　B. 容易着迷

对待别人

35. 交际圈：

A. 很广　　B. 窄

36. 交往方式：

A. 与很多人的泛泛之交　　B. 交往不多，但都是知己

37. 喜欢一个人待着？

A. 喜欢　　B. 不喜欢

38. 与初次见面的人：

A. 很容易混熟　　B. 难深交

39. 吐露心声：

A. 喜欢向别人吐露心声　　B. 自己闷在心里

40. 观察能力：

A. 洞察别人的一举一动　　B. 不管别人的感受

41. 公众讲演：

A. 擅长、喜欢　　B. 不擅长、胆怯

42. 幽默：

A. 喜欢开玩笑　　B. 一本正经，不苟言笑

43. 对于难以启齿的事情：

A. 直截了当地说出来　　B. 含糊其词，拐弯抹角

44. 日常话语：

A. 多嘴多舌　　B. 寡言少语

45. 对于别人的怂恿：

A. 容易接受　　B. 抗拒心理

46. 乐于助人：

A. 是　　B. 不爱多管闲事

47. 当别人命令或指挥自己时：

A. 服从　　B. 不服从

48. 责任感：

A. 不太强　　B. 很强

49. 妥协性：

A. 容易对人做出让步　　B. 从不轻易让步

50. 奉承别人：

A. 经常　　B. 很少

得分方法：

统计一下你的选择，选A的次数减去选B的次数再乘以4就是你的向性指数，指数越高说明你越趋于外向。

附录三　气质特征的测试与分析

试着从你的感受性、耐受性、反应的敏捷性、情绪兴奋性、可塑性、指向性这些方面分析一下自己的气质类型所具有的特征。

下面的测试将帮助你测试自己的气质特征：

说明：在下面选项中，选“是”记2分，选“不是”记0分，选“不能肯定”记1分。

测试你的气质指向性（外向或内向）

题目	是	不是	不能肯定
1. 对那些做错事的人往往极不满意。			
2. 一般来说，对他人的处境不太关心，比较关注自我。			
3. 感情比一般人丰富，常常与人发生误会。			
4. 目标远大，能够为之做出努力。			
5. 常常在不知不觉中就对他人反感。			
6. 喜欢远离市区，到农村或郊外去郊游。			
7. 生活态度很严肃，绝不“游戏人生”。			
8. 有秘密总是自己坚守住，极少向别人吐露，哪怕是很亲密的人。			
9. 常常反省自己，喜欢在一个安静的环境中独处。			
10. 明确地意识自己的独特之处，不强人所难。			

测试你的气质黏着性

题目	是	不是	不能肯定
1. 举止庄重而认真，从不拖沓。			
2.经常看不惯社会中的不良现象，自己也从来不卷入其中。			
3. 能够专心致志于自己的事情，思维严密。			
4. 心胸开阔，对事情很有主见。			
5. 大多数情况下能够克制自己。			
6. 面对一件事情，只要已经着手，就坚持不懈。			
7. 自己的东西，如果被别人用了会觉得很不自然。			
8. 经常整理自己的房间，在乱糟糟的环境中无法安下心来。			
9. 认为过度浪费钱简直就是一种犯罪。			
10. 认为凡事应有规则，不能随便打破。			

测试你的气质同调性

题目	是	不是	不能肯定
1. 能够与各种不同的人打交道。			
2. 比较大度，甚至可以说是虚怀若谷。			
3. 富有情感，看戏或看电影常常激动得流泪。			
4. 富有幽默感。			
5. 时而乐观开朗，时而又抑郁不振，总是交替进行。			
6. 不太喜欢所谓的“原则”，觉得人与人之间应随便一点儿。			
7. 对新事物很有兴趣。			
8. 不喜欢那种指使别人的人。			
9. 有时候也做一些令人感到孩子气的事。			
10 待人热情，喜欢体育运动。			

测试你的气质神经质

题目	是	不是	不能肯定
1. 常感到心跳加快，心慌。			
2. 总是按自己固定的模式办事。			
3. 如果到了一个新地方就很难适应。			
4. 常常自寻烦恼。			
5. 遇到不顺心的事，总是难以平静。			
6. 时常急躁，一旦事情不如自己所想，就准以正确处理。			
7. 事情过后，总是后悔自己没有做好。			
8. 该拿主意的时候，总是下不了决心。			
9. 常常担心自己得了什么难以医治的疾病。			
10. 各种感觉比一般人灵敏，但动作及反应并不快捷。			

测试你的气质显示性

题目	是	不是	不能肯定
1. 在聚会时，常常是中心人物。			
2. 在别人面前，往往不自觉地做一些夸张的动作。			
3. 心里想什么，总希望有人知道。			
4. 好奇心很强。			
5. 喜欢追求时髦。			
6. 很注意周围人的成就，有时有妒忌心。			
7. 渴望有朝一日能够登上财富和权利的顶峰。			
8. 社交关系广泛，判断力较强。			
9. 很注意穿着，并想以此吸引旁人的注意力。			
10. 做事常常只有瞬间的热情。			

五组分中，最高分代表了你最主要的气质特征，如果两个最高分接近，则表现为混合型。

一、内向性气质

内向性气质的人谨慎、安静、真挚，易于满足现状，喜欢独处，给人感觉比较神秘。这种气质的人社交能力较弱，往往很难与人沟通。总是以自我为中心，很清楚地区分自己和别人，不能容忍别人的侵入，大多是个人主义者。能够克制自己的感情，常常不动声色。但因为感情丰富，易感情用事，所以容易受伤害。较多疑，易起猜忌。富于幻想，对现实不太感兴趣，在理想的王国中得到解脱。对于人生的态度，他们是严肃的。他们的恋爱，充满了理想主义色彩，苦苦寻觅自己心中的偶像，往往表现很浪漫。在这种气质的人中，有一种很有才华的人，工作能力出众，不允许马虎，更不能容忍出错，喜欢按部就班的方式，喜欢指使别人，是严厉的领导者，缺乏平等的待人态度。此外还有一类倾向于稳重的人，他们缺乏热情，对人不憎恨也不亲近，有一种与世无争的特性，总是做旁观者，处于被动的角色，经常愁眉苦脸，显得与这个世界格格不入。

二、黏着性气质

黏着性气质的人共同特征是专心、坚定、始终如一、一丝不苟、遵守常规。他们留给人的第一印象比较好，一般不紧不慢，彬彬有礼。他们大多时候感觉迟钝，办事不够干脆。偶尔也会突然爆发，不顾一切。这种气质最突出的特征就是坚持不懈。一旦认准了目标就会一直坚持下去。有时会留给人不会变通、认死理的印象。对正在做的事情，都能一丝不苟，绝不粗心大意。那股认真劲，有时甚至令周围的人有点儿难以接受。他们对社会中的各种规则不会有反抗的欲望，总是觉得规则高于一切，忠诚地遵守，对随意违反的人深恶痛绝。他们显得比较顽固，不能很快地适应环境，从另一方面来看，也提供了一个集中精力解决问题的条件，不为外界所动，所以常常能取得别人难以企及的成功。

三、同调性气质

同调性气质的人擅长社交、亲切善良、温和老实。他们兼有两方面的特征：开朗活泼、性急、富于激情和幽默感；柔和、安静、抑郁。这两种特征处于一种变化状态之中，有时开朗、富有活力，有时郁郁寡欢、对周围毫无兴趣。遇到不顺心的事，总爱责备自己。他们通常不埋怨别人，只是在自己身上找原因。他们的笑非常有魅力。他们善于倾听，也会利用自己的幽默天赋，使气氛更加活跃和愉快。他们善于思考，博览群书，拥有丰富的知识，具有智慧的头脑和敏捷的思维。他们最大的特点是适应性，与整个社会是协调的。他们总会做出必要的妥协和退让，来适应社会，即使有时候委屈了自己也在所不惜。他们比较注重现实，但是他们的顺应也有不好的地方：该坚持的不敢坚持，该果断又难以做出决定。

四、自我表现气质

自我表现气质的人喜欢以自我为中心，感情夸张，虚荣心比较强，好胜心也很强，意志不坚定，常把希望寄托于不切实际的幻想中。他们积极地追求名誉和威信，有时不顾自己的实际情况，轻率地做出举动。他们总是竭尽全力地让别人注意自己，努力使自己成为人们的焦点，成为被认可和被接受的人。他们的社交比较广泛，尤其喜欢和名人交往，以此得到精神上的满足。他们看问题很少考虑对方的立场，只要符合自己心意的，就想当然地认为也一定符合别人的心意。这种气质的人喜欢逃离现实，到一种理想主义的境界里寻找满足，这与他们的自我表现意识有关，因为执着于自我表现，一旦在现实中遇到挫折，只好借助虚无主义的手段，寻求心理平衡。一件平常的事，他们都会做出令人惊奇的反应，如果在大街上遇到朋友会表现得激动无比，可是一转身，很快就把朋友忘了，所以他们的内心感情并不丰富。

五、神经质气质

神经质气质的人大都神经过敏，感觉比一般人灵敏，比如能听到别人不易听到的极其微弱的声音。在感情上易于感受别人的关怀或冷漠，并常常牢记在心。往往自卑、胆怯、小心谨慎、强迫症明显，一般都是“完美主义者”，希望自己能把每一件事都做得完美无缺，一旦不如所愿，就会丧失信心，产生自卑感。他们善于批判自己，但批判过度了，就只会增加心理的压力，带来更多的烦恼。强迫症是他们典型的表现，他们自己也知道那样做不好，但又无法控制自己，这是他们最不利的方面。德莱姆的《电影院》就用绣花针一样的笔触精心还原出了神经质气质的细微心理感受：“去电影院，并不是真正的出路。你勉强地与他人为伍。重要的是，进入大厅时所感受到的那种舒适的漂浮状态。影片还未开始放映，一种类似水族馆里的感观在筛选着此起彼伏的交谈……”他的笔下，“电影院”传达出神经质气质的人常有的那种微不足道的忧郁或伤感。